# 如何面对
# 生命中的取舍

千智莲 编著

民主与建设出版社
·北京·

© 民主与建设出版社，2019

**图书在版编目（CIP）数据**

如何面对生命中的取舍 / 千智莲编著 . -- 北京：民主与建设出版社，2018.5
ISBN 978-7-5139-2151-0

Ⅰ . ①如… Ⅱ . ①千… Ⅲ . ①人生哲学 - 通俗读物 Ⅳ . ① B821-49

中国版本图书馆CIP数据核字（2018）第 092315 号

## 如何面对生命中的取舍
RUHE MIANDUI SHENGMING ZHONG DE QUSHE

| | |
|---|---|
| 出 版 人 | 李声笑 |
| 编　　著 | 千智莲 |
| 责任编辑 | 王　颂　袁　蕊 |
| 装帧设计 | 亿德隆文化 |
| 排版制作 | 亿德隆文化 |
| 出版发行 | 民主与建设出版社有限责任公司 |
| 电　　话 | （010）59417747　59419778 |
| 社　　址 | 北京市海淀区西三环中路10号望海楼E座7层 |
| 邮　　编 | 100142 |
| 印　　刷 | 三河市天润建兴印务有限公司 |
| 版　　次 | 2019年10月第1版 |
| 印　　次 | 2019年10月第1次印刷 |
| 开　　本 | 880mm×1230mm　1/32 |
| 印　　张 | 8 |
| 字　　数 | 130千字 |
| 书　　号 | ISBN 978-7-5139-2151-0 |
| 定　　价 | 36.80元 |

注：如有印、装质量问题，请与出版社联系。

# 前言 PREFACE

取舍之道是中国文化中所特有的一种智慧。可以说，取与舍就好像是乾与坤、天与地、阴与阳一样，它们是既对立又统一的矛盾体，既相生相克，又相辅相成，存于天地，存于人生存于心间，存于微妙的细节中，囊括了万物运行的所有机理。万事万物均在取舍之中，达到和谐，达到统一。所以，取舍之道既是宇宙的法则，也是一种人生的哲学，更是一种为人处世的艺术。

其实，人生就是一个不断选择与放弃的过程，佛家有言："舍得，舍得，有舍才有得。小舍小得，大舍大得。"这句话是很有道理的，毕竟鱼和熊掌不可兼得，这就需要我学会选择，学会放弃，审时度势，扬长避短，把握时机，才能拥有真正属于自己的东西。如果一些东西不属于我们，那么不管它是多么的完美，我们也要学会放弃，唯有这样，我们才能够不断地获得新生。所以，与其盲目执著，不如明智地选择。

可以说，取舍之道适用于我们日常生活中的方方面面，比如亲人之间、爱人之间、朋友之间、同事之间，等等，无不与舍得有着极为密切的关系。可以这样说，取舍之道就是人人为我、我为人人的人生境界。当你明白了取舍的奥妙，你的胸怀、魄力和气度也将不同一般。

# 前言
## PREFACE

所以，有时候适时地舍弃，并非消极，也并非懦弱。那是一种态度，看似愚拙，实则是智者的风范；那是一种姿势，看似弯曲，实则蕴藏着无穷的力量；那是一种心法，看似平凡，实则可以锻造勇气，锤炼品性；那是一种通透，看似黯淡，实则闪现着智慧的光芒。不是吗？看看大自然是如何在取舍之间做出选择的吧！大地因为舍弃了绚丽斑斓的黄昏，才能迎来旭日东升的曙光；春天因为放弃了芳香四溢的花朵，才能走进茂盛的夏天，并迎来硕果累累的金秋；梅、菊因为放弃了安逸和舒适，才能拥有笑傲霜雪的艳丽。所以，舍弃并不意味着失去，因为只有放弃才会有另一种获得。

人生如戏，每个人都是自己的导演，学会选择，懂得放弃的人生才是彻悟的人生。几十年的人生旅途，会有山山水水，风风雨雨，有所得也必然有所失。古人云："宠辱不惊，闲看庭前花开花落；去留无意，漫随天际云卷云舒。"只有学会取舍，才能真正懂得精彩的生活，才能拥有一份宁静祥和的心态，才能拥有一个海阔天空的人生境界。

在这本书中，我们结合了大量的故事和现实案例，阐发了人生中取舍之道的奥妙与实际运用的技巧。相信通过阅读这本书，读者朋友们一定能够从中得到一些启发。

# 目 录
CONTENTS

## 第一章
### 取舍有道：取与舍在于对全局的统筹与概括 - 001

人生如棋，取舍有度 - 001

胸襟广阔才能掌握全局 - 004

看清局势才能应对变数 - 007

适应环境，方可涅槃重生 - 009

取舍之道并非一成不变 - 012

权衡得失是取舍的准则 - 014

把握本质，取舍游刃有余 - 016

把握人生局势，方能平步青云 - 018

责任是取舍的底线 - 021

徘徊在机遇和陷阱之间的取舍 - 023

## 第二章
### 取舍自如：取舍之法决定成败 - 025

取舍方法比努力程度更重要 - 025

选好目标是取舍自如的前提 - 027

用双手为取舍化妆 - 030

不作为的意外收获 - 032

在取舍中为自己建造一个休憩站 - 034

在取舍中展翅高飞 -036
　　无规矩不成方圆 -039
　　人脉决定取舍的成果 -042
　　自省是取舍的必经之路 -044
　　慧眼识珠是取舍的必备武器 -045

## 第三章
### 顺势而为：变化决定取舍的成败 -048

　　随机应变 -048
　　高处不胜寒的处境 -050
　　坎坷是成功者的垫脚石 -052
　　别让细节毁掉你的前程 -055
　　机遇为坚持不懈的人而准备 -057
　　深谙取舍之法才能满载而归 -059
　　从细节中发现商机 -062
　　持乐观的心态进行取舍 -065
　　为"狼子野心"平反 -067
　　总结失败教训，咸鱼大翻身 -069

## 第四章
### 以攻为守：努力进取才是硬道理 -073

　　百折不挠创造人生奇迹 -073

先发制人，占领先机 - 076
置之死地而后生 - 077
出其不意，以少胜多 - 080
全力以赴迎难而上 - 082
向自己发起挑战 - 084
行动并不是你想象的那么难 - 087
勇敢地向恶势力说："不！" - 089
坚持不懈才能获取成功 - 091
严于律己，提高自身能力 - 093
做最好的自己 - 096
扼住命运的咽喉 - 099

# 第五章
## 循序渐进：把握好取舍平衡的尺度 - 101

从实际出发，一步一个脚印 - 101
深藏若虚，成就梦想 - 103
厚积薄发，一鸣惊人 - 106
韬光养晦，静待转机 - 108
深藏不露，出奇制胜 - 111
要时刻保持一颗平常心 - 114
戒骄戒躁——成功者的秘诀 - 116
循序渐进，步步为营 - 119
急功近利，功败垂成 - 120

## 第六章
### 懂得取舍：放弃的魅力 - 123

- 该放弃时就放弃 - 123
- 小损失换来大收获 - 126
- 功成身退，完美谢幕 - 128
- 敢于取舍迎好运 - 130
- 舍我所恶，爱我所选 - 132
- 急于求成不可取 - 135
- 识时务者得快乐 - 137
- 不懂取舍将自取灭亡 - 139
- 不要过分地追求完美 - 142
- 成全自己有时也是成全他人 - 144

## 第七章
### 有取有舍，不取难舍 - 147

- 少拿一分，赢得终生 - 147
- 赠与和收获 - 149
- 慷慨大方地做人 - 151
- 天下没有免费的午餐 - 152
- 斤斤计较难成大事 - 155
- 承担的责任和收获成正比 - 156
- 塞翁失马，焉知非福 - 159

先苦后甜 - 161
心胸狭隘难发展 - 163
先付出才会有回报 - 164

# 第八章
知取舍，明哲理 - 167

鱼与熊掌不可得兼 - 167
懂得取舍，才能得到更多 - 169
快乐不是拥有多，而是计较少 - 170
不要让追求完美成为责任 - 173
舍不去，有时候也会取不来 - 175
要有所取，先要有所舍 - 177
寻找自己的兴趣与爱好 - 181
欲望：大部分人为了它沦为奴隶 - 182
人生的包袱你说有多重 - 185
理智的取舍胜过盲目的认真 - 186
取与舍，时间就是最好的选择 - 188
认定切合实际的目标 - 189
舍弃过去，赢得未来 - 191
知足者常乐 - 193
拿得起也能放得下 - 195

## 第九章
### 把握取舍时机,做最聪明的自己 - 198

学会取舍,成就"无我" - 198
古人眼中的取舍关系 - 200
作出取舍也需要很大的勇气 - 203
勇敢地取舍才能如鱼得水 - 207
果断地取舍,把诱惑阻挡在大门之外 - 211
切莫贪心,及时取舍 - 214
取与舍会给你带来更多快乐 - 217
勇敢取舍,舍卒保车 - 220
坚决舍弃不义之财 - 223
输赢拿得起放得下 - 226

## 第十章
### 取舍真谛了然于心 - 231

取与舍之间的哲理 - 231
忍小"失"求大"得" - 232
有舍弃才有取得 - 236
游刃于取舍之间 - 237
舍弃时也在取得 - 238
适时取舍方成大气 - 242
面对选择,想想自己如何取舍 - 244

# 第一章
## 取舍有道：取与舍在于对全局的统筹与概括

成功者既要有权衡利弊的策略和智慧，也要有把握全局的气度和眼光。权衡利弊才能取舍有度，把握全局才能不计一时得失。取舍的智慧也正是来自于此，在应该进攻之处积极进取，在不该强攻之地应学会果断舍弃。

### 人生如棋，取舍有度

人生如棋，想下好这盘棋就得取舍有度。

人生就像一场博弈，而对手恰恰是无可躲避的命运。有些人逆来顺受，甘做命运的奴隶，任其摆布；而有些人则深谙取舍之道，掌控着自己的命运，他们以自己的言行向世人宣告着"我的命运我做主"。取舍自如需有超强的勇气和坚定的信念。只有镇定自若，从长远考虑，才能做到得意淡然，失意坦然，取舍有度，才能下好并赢得人生这盘棋。

人生就是一盘棋，而我们自己就是棋子。眼观六路，耳听八方，知己知彼，才能取舍自如；纵观整盘，胸怀大局，才能不计较一步棋的得失，所谓不拘小节；不懂取舍很可能一步走错，百步艰难，稍有不慎，定会落得个满盘皆输的下场。

在此，讲个小故事：魏末，爆发了六镇起义。年轻的宇文泰随父参加了鲜于修礼领导的起义。不久，鲜于修礼被葛荣所杀，宇文泰继而成为葛荣的部下。这之后，尔朱荣又杀死了葛荣并取而代之。

尔朱荣早就注意到了宇文兄弟才能出众，担心智勇双全的宇文兄弟会威胁自己的地位，不久就找了个莫须有的罪名杀害了宇文泰的三哥洛生，并设下圈套想加害宇文泰。在如此危急的情况下，年轻却颇有城府的宇文泰表面上不露声色，他将丧兄的巨大悲愤深藏于心底；面对尔朱荣则慨然以对，激昂陈词，不仅打消了尔朱荣担心他造反的疑虑和杀人的念头，而且使尔朱荣对自己敬重有加。

在动乱年代，你死我活的火并事件层出不穷。某军的将领被刺杀，便会使该部队出现群龙无首的局面。起义军恰巧又出现了这种局面，这为宇文泰的崛起提供了一个良机。

面对突如其来的机会，宇文泰自然大喜过望。不过，一向不露声色的他并没有马上行动，而是很慎重地和谋士们权衡了利弊。通过分析之后宇文泰认为，对于毫无统军之智谋，应该果断地抓住时机接管该部。

对这支部队觊觎已久的北魏丞相高欢，在得知该将死讯后很快派出了侯景前往接管。当宇文泰与侯景在途中相遇时，他豪迈而自信地质问侯景："岳公（已死将领）虽然死了，但宇文泰尚在，你想怎么样？"侯景面对宇文泰咄咄逼人的锐气大惊，说道："我只不过是一支箭，身不由己，由人发射罢了。"说完便转身离开了。

同年，北魏孝武帝与丞相矛盾激化。宇文泰趁机率部迎接孝武帝元修进入长安。进入长安之后，孝武帝以宇文泰有功，任命宇文泰为西魏最高统帅并总揽朝中军政大权。从此，宇文泰开始了辅佐天子、号令天下的权臣生涯。

从这里，我们可以看出宇文泰的成功之处，成功在于他知道在力不如人的时候韬光养晦、不露声色，所谓"舍"；而在机遇面前咄咄逼人、毫不退让，所谓"取"。人生这盘棋局中有各种各样的角色，稍稍懂棋之人都知道，任何一颗棋子用好了都将威力无穷。重要的不是自己是什么身份或处于什么样的地位，关键在于能否取舍有度。

有这么一个小故事。故事的主人公汤姆是耶鲁大学信息系毕业的一名高材生，他毕业不久就被一家鼎鼎有名的跨国公司录取了。虽然这家大公司是许多人向往的理想的工作单位，然而进入公司工作不久汤姆就失去了原有的热情。因为身为信息系高材生的他竟被安排担任文秘的工作，这使得汤姆根本不能施展自己的才华。他非常愤怒，毅然决然放弃了高达36万美元的年薪，跳槽到一家小公司里担任电脑主管。

在这期间，汤姆充分运用了自己在大学里学习到的专业知识。不久，在他主持下出品的软件在市场上深受人们的青睐，人们纷纷争相购买他的产品。此后，公司规模越来越大，汤姆因此也成了公司的总经理。

从汤姆的成长轨迹中不难看出，成功的人生关键在于取舍有度，懂得取与舍的智慧。

从某种意义上说，把握人生的本质就是学会取舍。人的一生就是竞争、调和的过程，学会了取舍才能成为主宰人生的棋手。漫漫人生变幻无穷，难免有举棋不定的时候。人生如棋，棋中上演的是人生的沉浮起落。看一看自己手中还有多少棋子，你已有多少收获。

人生如棋局，取舍要有度。

懂得了人生如棋，我们才能纵观大局，知己知彼，落子无悔；懂得了取舍有度，才能找准自己的位置，才能取舍自如，游刃有余。

人生如棋。高手懂得镇定自若，得意淡然、失意坦然；懂得知己知彼，有取有舍；懂得纵观大局，胸怀大局，而不计较一步棋的得失；更懂得落子无悔。

## 胸襟广阔才能掌握全局

心有多大，舞台就有多大。

要想成就大事就应该有旷达的胸襟和气魄。那些笑到最后的成功者，不见得有多么聪明能干，但他们一定都拥有做大事的气魄。因为在取舍抉择的重要关头，如果没有这种大气魄，就难以舍弃一些已经得到的东西，或者畏惧可能发生的祸患而犹豫不决。可以说，没有胸襟和气魄的人很难成就大事。

我们不妨回想一下那些成功人士的人生经历。你会发现，他们总是能够以一种令人敬佩的气魄面对人生中的磨难和挫折。这种气魄正是他们成就自己事业的一块稳健基石。

南非的民族斗士曼德拉，因为领导反对白人种族隔离政策而入狱，白人统治者把他关在荒凉的大西洋小岛罗本岛上27年。尽管当时的曼德拉已经是70高龄的老人，但是白人统治者依然像对待一般的年轻犯人一样对他进行残酷的虐待。

曼德拉被关在总集中营一个锌皮房里，白天打石头，将采石场采来的大石块碎成石料。有时则要从冰冷的海水里捞取海带，有时还要做采石灰的工作。他每天早晨排队到采石场，然后被解开脚镣，下到一个很大的石灰石田地，用尖镐和铁锹挖掘石灰石。因为曼德拉是要犯，有三个人专门负责看守他。他们对这位斗士并不友好，总是寻找各种理由虐待他。

27年之后，也就是1991年，曼德拉出狱当选总统，他在总统就职典礼上的一个举动震惊了整个世界。

总统就职仪式开始时，曼德拉起身致辞欢迎来宾。他先介绍了来自世界各国的政要首脑，然后说，虽然他深感荣幸能接待这么多尊贵的客人，但他最高兴的是当初他被关在罗本岛监狱时，当时看守他的三名前狱方人员也能到场。他邀请他们站起身，以便能将他们介绍给大家。

曼德拉博大的胸襟和宽宏的精神，让南非那些残酷虐待了他27年的白人无地自容，也让所有到场的人肃然起敬。看着年迈的曼德拉缓缓站起身来，恭敬地向三个曾关押他的看守致敬，在场的所有来宾以至于整个世界都静下来了。

后来，曼德拉向朋友们解释说，自己年轻时因为心胸狭窄，性子很急，脾气暴躁，正是在狱中学会了控制情绪，才活了下来。他的牢狱岁月给了他时间与激励，使他学会了如何处理自己遇到的灾难。他说，感恩与宽容经常源自痛苦与磨难，必须以极大的胸怀来接受。他说起获释出狱当天的心情："当我走出囚室，迈过通往自由的监狱大门时，我已经清楚，自己若不能把悲痛与怨恨留在身后，那么我其实仍在狱中。"

气魄胸襟是一种决定取舍的精神力量，它决定着我们视野的高度和广度。很难想象，如果没有那些拥有伟大气魄的成功者，我们的社会现在会是一个什么模样。因此我们不能简单地把取舍看成是纯粹技术层面的东西。因为没有这种精神力量的支撑，你可能想得到但却做不到，甚至连想都想不到。

如果没有博大的胸襟，就不可能有远大的目标和理想。有些人会因取得一些微不足道的成就而沾沾自喜，不思进取。无一例外，只有那些为自己的理想而愿意放弃眼前的利益和成就的人，才能成为一代大家。

著名的音乐家谭盾刚到美国的时候非常艰难，为了生存他经常和一个黑人琴手在闹市区卖艺。出色的技艺使得谭盾很快就在那一带小有名气。谭盾总能在一个晚上赚到不少的钱，后来还有各种人找他去做一些商业性质的演出，比如生日舞会，或者婚礼。演出大大地改善了谭盾的生活状况，一切似乎都很顺利，他完全可以衣食无忧。

这种状况会让很多人感到非常满足，但谭盾最终却放弃了眼前的成就，他认为自己是一个音乐家，而不只是一个浪漫的流浪歌手，所以他利用这段时间积攒的钱去大学深造。十年后，当他再次路过那闹市区时，发现昔日老友仍在那儿卖艺，而他自己已是个国际知名音乐家了。

谭盾的经历告诉我们，那些善于取舍的人，必定拥有博大的胸襟。如果他没有博大的胸襟，就不会有成为音乐家的理想，就不可能为了理想去奋斗，也不可能为了理想而放弃眼前的利益。红顶商人胡雪岩说："如果你拥有一县的眼光，那你可以做一县的生意；如果你拥有一省的眼光，那么你可以做一省的生意；如果你拥有天下的眼光，那么你可以做天下的生意。"

拥有博大的胸襟才能取舍有度。小时候，常听老人们讲爬山的秘诀："看得远才能走得远。"那些拥有博大胸襟的人目光长远，一方面他们更能看清方向，在向目标前进的路上走得顺利，不至于总是遇到障碍走回头路；另一方面他们积极乐观，在漫长的路上走起来也不会觉得太累，所以他们总能走得快，走得远。这世界上有太多的诱惑，比如金钱的吸引、地位和名誉的光环等，如果没有博大的胸襟，就容易被这些东西蒙住眼睛，迷失自我。一个被各种欲望控制的人不可能到达更高的人生层次，他只能在欲望的陷阱中越陷越深。

学会取舍，需要有不断开拓进取、永不满足的人生态度。懂得取舍的人不会因为一时得失而得意或失意，也不会被一些琐碎或者肤浅的事物蒙蔽自己的心智。博大的胸襟是掌握全局、把握取舍的关键，因为有了大气魄才能定大乾坤，才不至于迷失方向或半途而废。

拥有大气魄，才能在大是大非面前保持清醒的头脑，才能有舍弃所得的勇气、拒绝诱惑的意志和远大的目光。

## 看清局势才能应对变数

这就是生活的妙处，你永远不知道，等待你的是什么。

生活中充满变数，审时度势乃圣人之术。在有利条件下，须抓紧时机奋力进取，以求迅速发展；而遇到难处，则又需审时度势，应舍则舍。如果不知道审时度势，一味地按照原先死板的计划行动，往往与自己的初衷背道而驰。只有懂得审时度势，取舍才能自有其道。

公元1219年，金军大举向南进攻。首领李全统领义军抗击南犯金军。一场雨雪后，淮河结冰，李全想趁封冻之机，出击已经被金军占领的泗洲，夺取泗洲城。于是，亲自率领3000精兵，深夜过淮河，潜向泗洲东城，当其挥师踏城壕之冰逼近城下时，突然城上燃起了数百支火把，并且听到金军守将的叫骂声。李全知道城中已经有了准备，攻城难以奏效，便知难而退，引军返还。

冬去春来，淮河封冻即将融化。李全马上组织3000精兵，在封冻还没有完全融化之前发起突然袭击。城中金军本以为封冻即将融化可以放松戒备，没想到这时李全的部队却发起猛烈的攻击。最后李全终于夺取泗洲城这一战略要地，为后来的抗金大业奠定了基础。

李全的成功之处就在于审时度势。通过估量自己的力量，再决定采取什么样的行动。在日常生活中，我们在处理难易不等的各种事情时，也应该先估计一下自己的力量是否能胜任。世界上没有完美的计划，因为计划永远赶不上变化，审时度势并做到恰到好处才是最好的计划。也只有审时度势才能做到取舍适度。

审时度势最为重要的是要对形势作出正确的判断。只有对大趋势判断正确，才能作出正确的选择。这就要求我们从大局出发，灵活处理各种问题。在作任何决定之前，首先应考虑的是大局而不是个人的荣辱得失。

东晋时期前秦的著名政治家、军事家和谋略家王猛，虽长期居于高位，权倾朝野，但其肚量过人，善于通权达变，驾驭属下。他在率军与燕主帅慕容评决战前夕，曾派遣将军徐成前往燕军阵前侦察敌情，规定中午返回，然而徐成到黄昏时分才归来，且讲不出正当理由，王猛大怒，要按照军法将其处斩。

大将邓羌为徐成求情，王猛坚持不答应。邓羌回到自己的营内，纠集手下人马要进攻王猛。王猛问其原因，仍为徐成之事。于是，王猛赦免了徐成，还称邓羌："义而有勇。"

战斗开始以后，王猛望着对面漫山遍野的敌兵，对邓羌说："今天这场战斗，非将军不能破敌取胜，请将军努力。"不料在此紧急关头，邓羌又讨价还价，要王猛答应他一个司隶校尉的职务，并以罢战相要挟。于是，王猛被迫答应了他的要求。邓羌乐得从床上跳起来，捧起酒坛大喝一顿，然后跃马横枪，与部将张蚝、徐成等人一起直扑敌阵，四进四出，旁若无人，夺旗斩将，杀敌无数。

邓羌身为大将，徇私求情，扰乱军法；带领士兵欲攻主帅，目无上级;临战之时欲求要职,等于要挟国君。有此三条,罪该杀头。对于邓羌的这些错误,王猛全部容忍退让,他之所以能容忍邓羌之所短,调动邓羌之所长,完全是从国家的根本利益着眼,根据当时的具体情况灵活机动地处理问题。

作为集体的一员,就应该以大局为重,分清事情的轻重缓急。作任何决定之前,一定需要从大局上考虑问题。一个不懂得分析局势权衡利弊的人,很难有所成就,因为错误地判断了形势就会做出错误的行动。

有人说过:成功就是在正确的时间做正确的事。一个只知道埋头苦干,不懂得分析局势、权衡利弊的人,很难有所成就。只有那些能够掌握大局、审时度势、权衡取舍并恰到好处的人,才能走得又快又稳,在关键时刻才能取得巨大的成功。

## 适应环境,方可涅槃重生

顺境中要积极进取;逆境时不能轻言放弃。这是取舍之道的一个重要方面。

在人生的道路上,有顺境,也会有逆境;有的人顺境多一些,有的人则是逆境多一些。有的人能在逆境中继续前行,而有的人会在顺境中倒退。人们都希望遇到顺境,而不愿意遇到逆境,因为逆境就意味着痛苦、挫折和失败,而在顺境中似乎更容易成功。

其实,顺境与逆境,犹如硬币的正面与反面,没有好坏之分。重要的是在不同的环境中能够有不同的人生策略,比如在逆境中稳步前行,而在顺境中则要大步流星。不管是顺境还是逆境,都可能有成功的机会,关键在于自己以什么样的心态去对待,以什么样的方法去把握。

在顺境中的人总是心情愉快,做起事情来得心应手。但是,不要忘记，事情太顺利了也不一定是件好事。顺境多少会让人有点飘飘然，而看不到潜在的危机，久而久之，努力奋斗的心态也会逐渐懈怠，浮躁、骄傲、专横等毛病也会越来越严重，最终的结果往往是一败涂地。因此，人越是在顺境中，越应该小心谨慎、如履薄冰、如临大敌，这样才能将顺境给予的机会牢牢把握住。

当年李自成轻而易举地攻下北京后，事业顺利到达了顶峰。在巨大的成功面前，他失去了警惕，对满族的威胁视而不见，做事不再那么谨慎。在他眼里，最重要的是享受胜利的喜悦。他自封为帝，还为将领们封官加爵，任他的士兵抢掠民财。结果如何呢？短短一个多月之后，李自成就灰溜溜地离开了北京。

功亏一篑正是顺境中失败的典型。这种在胜利的关键时刻该进不进而导致的失败是最可惜的。与李自成形成鲜明对照的是毛泽东，在革命即将成功之时，他多次强调"务必使同志们继续地保持谦虚、谨慎、不骄、不躁的作风，务必使同志们继续地保持艰苦奋斗的作风"，实际上就是教育同志们越是在顺境中越要谨慎。因为吸取了历史的教训，所以在进驻北京城时，毛泽东很有信心地说："我们决不当李自成。"

当然并不是说处于顺境的人就一定经不起考验，如果在顺境中保持谦虚谨慎的态度，利用顺境中的各种有利条件，踏踏实实做事，当然更容易取得成就。问题的关键在于自己如何把握。

居里夫人有两个女儿，她们虽然从小生活在科学名门之家，但她俩并不坐享父母的科学成果，而是经过自己的不懈努力，最终也取得了骄人的成就。长女伊伦娜是核物理学家，与丈夫约里奥因发现人工放射性物质而共同获得诺贝尔化学奖。次女艾芙则是音乐家、传记作家，其丈夫于1965年获得诺贝尔和平奖。

顺境中要谨慎，逆境中就应该坚忍。不灰心丧志，不怨天尤人，尤其不能绝望，因为希望能够支撑一个人在逆境中奋斗下去。逆境曾经是很多成功者最好的学校，他们在这所学校中不断学习和成长。

著名作家高尔基从小就饱尝人间的辛酸，即使做活累得腰酸背痛，也不肯放弃一刻时间去看书，还常常在老板的皮鞭下偷学写作，终于成为著名的作家。美国的大发明家爱迪生，小时候家里买不起书，买不起做实验用的器材，他就到处收集瓶罐。一次，他在火车上做实验，不小心引起了爆炸，车长甩了他一记耳光，他的一只耳朵就这样被打聋了。生活上的困苦，身体上的缺陷，并没有使他灰心，他更加勤奋地学习，终于成了一个举世闻名的科学家。

正如培根所说："一切幸福都并非没有烦恼，而一切逆境也绝非没有希望。顺境的美德是节制，逆境的美德是坚忍。"这绝不是说只有逆境才能成功，而是说在逆境下，同样也可以锻炼成才。表面上看，逆境对自己的成长和发展不利，但是环境只是客观因素，成功的关键在于自己是否具有坚忍不拔的毅力和为理想而奋斗的拼搏精神。在逆境下，只要有着宏伟的目标，有着坚定的信念，成功的桂冠也可能会被你拥有！

逆境，是促使人奋发向上的动力，是锻炼一个人意志的火炉。请那些成长在逆境中、生活在艰难困苦中的人们，不要悲伤，不要哀怨，不要让不利的环境束缚住自己的手脚，应该舒展开自己的双臂，去拼搏，去创造！

顺境不一定是最好时机，而逆境也不一定非得退让。顺境中骄傲自大，好事也会成坏事，而逆境中保持坚忍，坏事会变成好事。这就是说，顺境中我们需要做好舍弃的准备，而在逆境中我们也需要积极的进取。

不管顺境与逆境，我们都应该保持冷静的头脑，这样才能在人生的长跑中取得令人满意的成绩。要明白并记住这样一个道理：顺境与逆境都只是暂时的。在顺境中要趁势进取，不能松懈；在逆境中要坚忍不拔，不能轻易舍弃。

## 取舍之道并非一成不变

取舍之道并非一成不变，关键在于看清局势随机应变。

能够客观地分析问题的人少之又少。人们往往只见其一未见其二，行动起来自然取舍失措，于是错误在所难免。智者能够根据实际情况，转化取舍。因为他们知道取舍常常需要转化，这样才能做到取中有舍，以退为进。

汉朝末年的贾诩是张绣的谋臣，是个很有谋略的人，但一直没被重视。曹操征讨驻守在南阳的张绣，还没有取胜，忽然得知袁绍将乘虚攻打曹军的大本营许都，曹操只得收兵撤退。张绣一看曹操撤退，立即决定追击。

贾诩劝阻说："你不要去追击曹操，否则会吃大亏的。"张绣认为敌人已经退却，哪里有不追赶的道理？他不听劝告，联合刘表的队伍一同追击曹操的军队。大约追赶了十多里路，追上曹军断后的部队，结果曹操的士兵奋勇应战，张绣、刘表大败而归。

张绣惭愧地对贾诩说："还是你说得对！我的力量确实比不过曹操，所以不能取胜，后悔没有听你的话。"这时贾诩却说："现在你应该赶快掉过头去追杀曹操，肯定会打一个大胜仗！"

张绣、刘表惊魂未定，哪里还敢去追击，他们不解地问贾诩："今天我们刚刚打了败仗，怎么能够再去追赶曹兵呢？"贾诩胸有成竹地说："情况已发生变化，与以前不同了，你们只管追去，越快越好，如果不胜，我拿脑袋担保！"

刘表不相信贾诩的话,坚决不愿再出兵。张绣虽有疑虑,但还是相信了他的话,重新整顿了败兵残将,再回去追赶曹军。这一次,两军接触,厮杀一阵,曹军果然越战越弱,抵挡不住,一路丢下许多车马粮草,慌忙逃走了。张绣缴获了大批战利品,挽回了战败的损失。

张绣兴奋地向贾诩请教:"第一次我用精兵去追曹操的退军,你说追不得;第二次你却劝我用败兵去追击取胜的曹兵,反而能取胜。这究竟是什么道理呢?"

贾诩解释说:"曹操是个非常懂得用兵的人,他一定不会不作防备就随便退却的。曹操退却时,必定会做好防追击的准备。你虽然很善于用兵,但还是不如曹操力量强大,你去追他当然要输。曹操打败了你,为什么却急急忙忙撤退呢?我猜想很可能是有人进攻许都,或是朝廷内部出了问题。你第一次追击,他已将你打败,他就放心了,他自己一定亲率主力军队先走了。即使留下断后的部队,也不会有什么战斗力。你第二次是出其不意地追击他们,这怎么能不打胜仗呢?"

张绣听了他的这一番话,觉得十分有道理,连连称赞:"高明!高明!"从此以后,对贾诩就非常重视了。

兵法上的谋略正体现了取舍的人生智慧。取舍之道并非一成不变,关键要看个人的胆量和悟性。所谓"诡"和"谲"之类的词语,在兵家那里是没有褒义和贬义之分的,这类词的意思无非就是一个,那就是变化。谁能变化得宜,谁就会取得胜利。取舍之道与其说是斗勇,不如说是斗智。智就是能够及时地掌握局势,变化取舍之道。

变化是万事万物的自然规律,这是一条亘古不变的真理,万事万物的运动变化是人类思维的总逻辑。变化并不是毫无规律可循，只要随机应变就能把握取舍之间的变化。我们不能改变事物变化的规律，却可以根据变化而调整自己，在取舍转化之间成就一番事业。

取舍之道并非一成不变，外部环境变化是永恒的主题。我们不能改变事物变化的规律，却可以根据变化而调整自己。在取舍转化之间，做到取舍适度，游刃有余。

## 权衡得失是取舍的准则

在仔细权衡利弊得失之前，不可采取盲目的行动。

权衡利弊之后再作决定是我们获得成功的重要法则。权衡利弊，才能分辨孰轻孰重，才能做出正确的取舍。犹太人的经典书籍《塔木德》这样告诫世人："在仔细权衡利弊得失之前，不可采取盲目的行动。"这句话对犹太人产生了非常巨大的影响。

以色列情报机构首脑摩沙迪的高级间谍伊莱·科恩，秘密打入了叙利亚的情报机构担任顾问，于是他能够轻而易举地获取叙利亚的许多军事机密。

有一次，科恩获悉老牌纳粹分子费朗茨·拉德马赫尔匿藏在叙利亚。在战时，纳粹德国丧心病狂地灭绝犹太民族，因此战后以犹太民族为主体的以色列以追捕逃脱的纳粹分子为己任，而且取得了很大的成果。费朗茨是残害了无数犹太人的刽子手，是个久捕不获的漏网之鱼，抓获这个纳粹分子，将能大大振奋以色列国民的精神和官兵的士气。

科恩立即将这个情报发给摩沙迪，建议由他就近将这个纳粹刽子手除掉。这个建议确实有着巨大的吸引力，但是摩沙迪却下令给科恩："切勿行动，请放弃这个目标！"

并不是摩沙迪有意放过这个刽子手，而是他非常清楚，除掉费朗茨,势必要暴露科恩的身份,而当时中东形势非常紧张,科恩的主要任务是搜集叙利亚的军事情报。费朗茨虽然罪恶滔天,但现在对以色列已经构不成任何威胁,而叙利亚正虎视眈眈地准备和以色列开战。两者相比,摩沙迪当然宁可牺牲一个次要目标,而抓住一个主要目标。科恩接到了总部的指令,心犹不甘,所以再次请示:"让我给那个纳粹分子寄一枚炸弹去,恐吓他一下。"

摩沙迪仍旧指示:"切勿行动,请放弃这个目标!"

科恩没有盲目行事,他终于明白了总部的意图,专心致志地搜集叙利亚的备战情报。后来他发现,叙军正在戈兰高地修筑强大的工事,就把这个情报发给了总部。

不久,第三次中东战争爆发,以色列根据科恩提供的情报很快攻占了戈兰高地,从而使以色列在第三次中东战争中大获全胜。

如果科恩当时图一时之快刺杀了纳粹分子,那么从此他无法在叙利亚存身,也就不可能再获取后来的重要情报。暂时放弃刺杀纳粹分子,却为中东战争胜利而继续努力,这是非常明智的选择。英明的摩沙迪正是权衡了利弊才能坚决放弃小目标,最终成就大目标。

有一天,一只狐狸走到一个葡萄园外,看见里面水灵灵的葡萄就垂涎欲滴,可是外面有栅栏挡住,无法进入。于是狐狸一狠心绝食三日,减肥之后,终于钻进葡萄园内饱餐了一顿。

当它心满意足地想离开葡萄园时,发觉自己吃得太饱,怎么也钻不出栅栏。面对美味的葡萄,它坚持住三天不吃,这样瘦下去以后它又钻了出来。

不管是做什么事情,有得就有失,重要的是要学会权衡利弊,不要得了芝麻而丢了西瓜。聪明的狐狸为了吃栅栏里的葡萄可以饿上三天,而为了逃命它又可以三天不吃一颗葡萄,因为它知道权衡利弊，懂得取舍，才能逃出被捕杀的厄运。

当"舍"可能要比"取"更重要时，就应该克制自己不盲目行动；当"取"可能比"舍"更重要时，就应该勇往直前。权衡利弊就是取舍的准绳，取舍之间包含的是人生智慧。

做任何事情，都有得有失。重要的是要权衡得失，要懂得"放长线钓大鱼"的道理，而不是脑子一热盲目行动。"取"大于"舍"就应该勇往直前，"舍"大于"取"就应该悬崖勒马。

## 把握本质，取舍游刃有余

如果不把地毯下的蛇赶走，我们无法弄平地毯。

有一位名人说过：天才就是能一眼看见事物本质的人。万事万物发展变化都有着自己的规律，掌握这种规律的关键就是发现事物的本质。只有掌握了事物的本质，才能更准确地权衡利弊，这样才能做到取舍自如。

要在千头万绪中找到本质谈何容易，这绝对是一项艰苦的工作。只要掌握了万事万物的本质，我们就能比别人领悟得更快，这样就能把事情做得更好。面对同样的事物，不同的人会有不同的看法，而能取得成功的人一定能够透过现象看到事物本质。福尔摩斯在这方面绝对是个高手。

有人给福尔摩斯出了一道难题，他拿出自己的一只表对福尔摩斯说："我听说你非常聪明，现在请你从这只表上面找出它的旧主人，以及他的性格和习惯。"

仅仅凭一只手表怎么能找到它的旧主人，而且还要分析出这个人的性格和习惯，这几乎是故意刁难。但是福尔摩斯没有拒绝，他开始了自己的工作。

福尔摩斯接过表，在手上认真观察，然后慢条斯理地说道："这只表是你父亲留给你哥哥的。"那人大吃一惊,好奇地问道:"你怎么就能知道?"

福尔摩斯开始了他的逻辑推理:因为表上刻有他父亲名字的英文缩写。按照习惯,珠宝一类的贵重东西,多是传给长子的;长子又往往袭用父亲的名字。这位父亲已经去世多年,所以这表应该在他哥哥手里。

接下来的分析更加精彩:福尔摩斯认定这表的主人是个放荡不羁的人,而且常常生活潦倒,但偶尔也会有不错的境况。此人最后因为好酒而死。

福尔摩斯继续解释:"我说你哥哥生活不检点并不是诬蔑他,请看这表,不仅表面边缘有裂痕两处,整个表上面还有无数的划痕,这是习惯于把表放在装钱币和钥匙一类硬物的口袋里的缘故。对一只价值 50 英镑的表这么不经心,足以说明此人生活不检点。"

"伦敦当铺的惯例是每当进一只表,必定要用针尖把当票的号码刻在表里面。用放大镜仔细看,我发现这类号码至少有四个。这样就可以说明你哥哥的生活常常窘困;同时有时可能较好,这样才能去赎回。最后注意这个钥匙孔里盖,围绕钥匙孔有上千个伤痕,这是由于被钥匙摩擦而造成的。醉汉的表没有不留下这样的痕迹的。"

这都是可以从表上看出来的,那人完全惊呆了,他诧异于眼前的这个侦探竟然有如此的神通。福尔摩斯以善于推理而闻名于世,他能够在蛛丝马迹中找到有用的信息,并作出正确的判断。他的高明之处就在于能够通过现象看到事物背后的本质。

在历史上不乏这样的能人,甚至有很多江湖术士就以此为生。这种能力对于任何人来说都意义重大。通过观察和推理掌握事物的本质,才能正确地掌握大局和理智地权衡取舍,才能最终有所成就。

一个拥有超人的观察力和推理能力的人可以厉害到让人生畏的地步。在工作和生活当中，我们也有必要锻炼自己的这项能力。如果对问题的认识只流于表面，常常会犯头痛医头、脚痛医脚的毛病。如果不能从根本上寻找原因，那么即使忙得焦头烂额也不能将问题解决。

只有那些能够掌握事物本质的人，才能更准确地权衡取舍。因为他们知道什么才真正对自己有利，什么会给自己带来不好的结果。事情很多时候并不像它表面上那么简单，或并不像它表面上那般复杂。我们需要学会掌握事物的本质，这是学会取舍的关键一步。

我们有必要锻炼自己透过现象看本质的这项能力，从根本上寻找原因，解决问题才能事半功倍。

## 把握人生局势，方能平步青云

人生攻守取舍实际上就是不断顺应趋势的过程。

一个能够洞察大势的人必定是智者。因为他能够把握大环境的变化，让自己处于一个有利的地位。大环境决定了事物发展的方向，能够洞察大势的人，不会判断错方向，他们取得成功只是时间问题。

天时、地利、人和，天时说的就是大趋势，如果没有天时的配合，就是没有了成功的大环境。一个成功的人必定是在某个时期，拥有了一个成功的环境。从某种意义上说，学会取舍就是学会洞察大势，学会选择和改变自己的环境。秦国的丞相李斯未发迹时，在其家乡上蔡县衙当差。作为小吏，李斯被人呼来唤去，受了不少的屈辱。李斯胸怀大志，不满现状。

一天，李斯去茅厕方便，看见茅厕中的老鼠又瘦又小。他又在仓库中见到了老鼠，不同的是，这里的老鼠却个个膘肥体胖。于是李斯受到了启发：老鼠有胖有瘦，只因它们所处的环境不同；人有尊有卑，只在于环境高低有别。老鼠本没什么区别，人也没有本质的差异，反差如此强烈，全在于对大环境的把握。

李斯暗怪自己不求上进，贪图眼前小利，于是辞去了小官。当时正是大国争霸时期，游说的人才十分宝贵。李斯就拜荀子为师，开始学习帝王之术。研究当时各国的实力之后，李斯准备到秦国去发展。他对老师荀子说："处在卑贱的地位而不想有所作为，那就同禽兽只知吃肉一样，只是长着人的相貌会走路罢了。长期身处卑贱，陷入困苦，还要指责现实，不大胆追求名利，这不是有志者所为。秦国准备吞并天下，称帝而治，我也要出人头地，摆脱贫穷。我主动出击，一定能大展宏图。"

老师听了他的一番感慨之言，深受感动，决定推荐李斯去秦国为官。李斯来到秦国，当上了秦国丞相吕不韦的家臣。他分析了形势，认定吕不韦将来一定能够成为主宰秦国命运的人物。他多次面见吕不韦，陈述自己对于天下局势的见解，赢得了吕不韦的信任，被任命为宫廷侍从官。

李斯的目的是游说秦王嬴政，他利用宫廷侍从官的身份多次向嬴政分析当时的局势。有一次他这样劝说秦王："没本事的人总是失去机会，而成就大业的人能够掌握趋势，不给他人可乘之机。现在秦国实力渐强，大王如志在一统天下，现在就该采取行动了。"

秦王采纳了他的计策，任命李斯为长史，离间六国的君臣关系。李斯总是能对大势作出正确的判断，谏言不断。秦王越来越重用他，很快又提拔他当上了客卿。

然而李斯的为官之路并不是一帆风顺。韩国人郑国到秦国做间谍，以修建灌溉水渠来耗费秦国人力物力，使其不能东侵。这个阴谋被发觉后，秦王大怒，发布了逐客令，把侨居秦国的外国宾客一律驱逐出境，身为楚国人的李斯也在驱逐名单之中。

春风得意的李斯听闻这个消息，大吃一惊，心中十分焦虑。眼看自己的大好前程将要被断送，他实不甘心。李斯想来想去，决定主动上书力争，这就是史上有名的《谏逐客书》。信中指出，秦国方面统一大业未成，而不分青红皂白的逐客令完全违背了得人心者得天下的趋势。这封洞察大势、分析精辟的书信到了秦王的手中，令秦王大为感动，当即派人追回已在被逐途中的李斯，并废止了逐客令。就这样，李斯不但官位得以保全，而且受到秦王的赏识。接着，秦国兼并天下后，李斯又高升为丞相。

李斯的成功之道在于对局势的把握，在一开始的时候就选择投靠日渐强大的秦国。又通过当时位高权重的吕不韦，成为秦王身边的要人。在不断努力下，他攀登上了事业的顶峰。因为能够把握大势，所以能平步青云，化险为夷。洞察大势就是李斯的取舍之道。

不懂得洞察大势的人会非常痛苦，因为即使他再怎么努力，也很难达到自己的目标。因为方向错了，即使再怎么搏命，也不会靠近目标。人们的每一次选择，既反映了自己追求的目标，更影响着人生的走向。人生有时候就是那么关键的几步，假如一步走错，有可能步步皆错。在迈出这关键的几步之前，一定要洞察局势的变化。

把握局势才能成功，掌握了局势就是掌握了自己的生存环境，从一定意义上说，是环境造就了我们的成功。大趋势决定着自己人生的走向，也决定了自己的未来。

## 责任是取舍的底线

责任是取舍的底线,请守好自己的底线。

不管是勇往直前还是激流勇退,都必须牢牢守住自己的底线,那是自己的责任。如果一个人不负责任地采取行动,只会将自己推向失败的深渊。

在不同的环境中,我们需要有进有退,而取舍的底线就是自己的责任。对自己,对家人和社会负责的人才能在取舍之间找到最合适的路径。即使是一个年幼的小孩,在他担负自己责任的时候,也会知道如何取舍。

有一次,一名记者来到洗手间,突然听到隔壁小间里发出一种奇特的响声。这响声时间过长,而且也过于奇特,因此引起了他的好奇心。

他通过小门的缝隙向里探望,这一看使他惊叹不已。原来,小间里一个只有七八岁的小男孩正在修理马桶的冲刷设备。他上前询问才知道,这个小男孩上完厕所后,因为冲刷设备出了问题,没有把脏东西冲下去,男孩就一个人蹲在那里,千方百计地想修好它。当时他的父母、老师并不在身边。

拥有责任心的人,才真正懂得取舍的意义;对自己行为负责的人,才能在人生的道路上取舍有度。不管年纪多小,一旦懂得了责任,他就可以独立地面对人生,就能取舍有度。

很多被父母严格管教的年轻人,在他们离开大学、没人给他们指导的时候犯下了可怕的错误,有些甚至毁了自己的一生。他们不懂得什么是自己的责任,就没有了取舍的底线。没有人告诉他们该如何去面对以前未曾面对的问题。责任是我们取舍的原则,更是取舍的动力。在责任的驱使下,一个孱弱的年轻人可能担负起生活的重担。

2005年评选的感动中国十大人物中,有一位年轻人,他12岁起用瘦弱的肩膀撑起了一个家;11年来,他一边读书一边克服难以想象的困难,照看时常发病的父亲,抚养捡到的妹妹。这期间,他也曾经动摇,曾经想逃避,但一种责任感最终让他"只是默默地走,不愿放弃"。他就是洪战辉——湖南怀化学院一名"带着妹妹上大学"的普通大学生。

然而就在他的事迹被媒体铺天盖地报道的时候,他冷静地发表了一封《致新华网网友的公开信》。在信中他这样写道:"我不接受捐款……苦难和痛苦的经历并不是我接受一切捐助的资本!……我现在已经具备生存和发展的能力!……"还有一段是这样写的:"普通人做普通的事,尽自己应该尽的责任,这有什么奇怪的。要奇怪的应该是现在一些普通人不去做或者不愿去做或是不敢去做普通事,要么是不去尽、不愿尽、不敢去尽作为一个人应该尽的一点责任。做人应该有责任心,能承担多大的责任,方能成就多大的事业,我认为就是这个道理。"

责任感是一个人成熟的标志。在成长的过程中,亲人、朋友、老师会告诉我们怎样做人,怎样成功,但任何行动的落实者都只能是自己。懂得责任就是懂得取舍之道,对自己的言行负责才能做自己命运的主人。

我们权衡利弊的时候,总是选择对自己有利的条件,而往往忽视了自己应负的责任,甚至为追求"利"而违背了责任。当我们违背了自己的责任,再有利的条件也只会让我们最终以失败结束人生。表面上是"取"了,实际上我们却"舍"得更多。

责任是一个人成熟的标志。懂得取舍之道就得懂得承担责任,对自己的言行负责才能做自己命运的主人。

## 徘徊在机遇和陷阱之间的取舍

真正的陷阱会伪装成机遇，真正的机遇却伪装成陷阱。

机遇和陷阱是两个完全不同的概念，机遇让我们走向成功，而陷阱让我们损失惨重。但是在实际的生活和工作中，它们往往是一对相互伪装的"朋友"，让人很难分清楚到底是机遇还是陷阱。

我们需要有分辨机遇和陷阱的智慧。历史经验告诉我们，一个看上去对自己十分有利的机遇，很可能就是敌人设置的陷阱和圈套；而看上去明明是陷阱的，却反而是千载难逢的机遇，让很多有谋无勇的人为错失它而后悔一生。三国时司马懿误把诸葛亮摆的空城计当成陷阱，错失了攻占空城的机会，这就是个很好的例子。

狼是一种非常厉害的动物，而老猎人讲述的一个故事更让人佩服这种动物身上所具有的生存智慧。两个年轻的猎人在非洲狩猎，可是一直没有什么收获。一匹老狼成为他们的目标，经过长时间的跟踪和周旋，猎人决定在一个"丁"字形的岔道上，捕获这个猎物。两个猎人分工，他们决定分别从两边包抄老狼，还在第三条路上设了陷阱。这样只要老狼进入了捕猎区，就只能成为猎人们的猎物。

一切都在猎人们的计划之中，觅食的狼进入了捕猎区。两个猎人几乎同时行动，从两条路包抄，他们一人端着一把枪，把狼夹在中间。在这样的情况下，狼有两个选择，一是选择从岔道逃掉，二是迎着猎枪冲过去。

只见那只狼丝毫没有犹豫，就迎着其中一个猎人的枪口冲过去。很明显它准备夺路而逃。猎人原以为狼会选择岔道，这样就中了陷阱，没有想到老狼竟然迎面冲了过来。猎人急忙开枪，可是都没有打中飞奔过来的狼，狼离猎人越来越近。

猎人手忙脚乱，虽然连开了好几枪，但是都没有打中。最后一枪的时候，狼与猎人擦身而过，当猎人转身追赶，已经为时过晚。狼就这样跑出了两个猎人的精心埋伏。

猎人们回到自己的住处，心中很是困惑：为什么狼没有选择另外一个没有猎人的路口，而选择夺路而逃？他们决定去请教经验丰富的老猎人。老人对他们说："你们一定是遇见了一只老狼。老狼知道只有夺路成功才有生的希望，而选没有猎枪的岔道，必定是死路一条。因为那条似乎平坦的路上必有陷阱，这是它们在长期与猎人斡旋中悟出的道理。"

老狼之所以能够逃生，是因为它在危险中能够区分机遇和陷阱。如果它选择了没有猎人的一条路，它就只能成为猎物。它选择了和子弹赛跑，结果在铤而走险中找到了生路。老狼在危机时还能分辨形势，在陷阱面前找到了伪装的机会。现实生活中，人们却被伪装成机遇的陷阱一害再害。

那些骗子并不一定是拥有多么高明的骗术，而是被骗的人一时被利益诱惑掉入了事先设置的陷阱。事后我们分析骗局的时候，很容易发现其中的很多破绽，因为天上不会掉馅饼。只要我们保持一颗平常心，冷静分析，就会发现那些骗术破绽百出。

趋利避害是人的天性，也很可能成为性格弱点。与机会擦肩而过，往往是因为缺少分辨机遇和陷阱的智慧。或者因为贪婪，或者因为不敢尝试，于是丧失了原本属于自己的机会。分辨机会和陷阱，成功只在一念之间。

其实在这个竞争激烈的社会里，真正的陷阱会伪装成机遇，真正的机遇却伪装成陷阱。不管是面对机遇还是陷阱，保持清醒的头脑，有勇气迎接挑战，才能在取与舍之间找到成功之路。

# 第二章

## 取舍自如：取舍之法决定成败

同样一个问题，如果取舍的方式方法有所不同，其结果必然完全不同，可以说方式方法是决定取舍成败的关键。方法比努力更加重要，掌握取舍之法，才能取舍相宜。

### 取舍方法比努力程度更重要

给我一根杠杆，找准支点，我能撬动地球。

人生之路在于如何选择，而选择之道在于如何权衡。取舍之道其实就是选择的过程，我们需要选择在什么地方取舍，更需要选择怎么取舍。取舍之道有着各种各样的方法，方法对了事半功倍，因此选择方法有时比努力更加重要。

在决定取舍之前需要选择合适的方法，有了好方法我们可以做到取舍适度，进退有序。如果方法错了，不仅会耽误精力和时间，还可能会越走越远。

曾经有位青年非常勤奋，他认为只要自己努力，就一定能比身边的人生活得好。可是虽然经过了多年努力，他还是一事无成。于是他非常苦恼，就向当地有名的智者请教。智者听完了年轻人的苦恼之后，就叫来正在砍柴的三个弟子，嘱咐说："你们带这个施主到五里山，打一担自己认为最满意的柴火。"年轻人不知道智者意图，但还是和三个弟子沿着门前湍急的江水，直奔五里山。

天色渐晚，年轻人与弟子都回来了。年轻人满头大汗、气喘吁吁地扛着两捆柴，蹒跚而来；两个弟子一前一后，前面的弟子用扁担左右各担 4 捆柴，后面的弟子轻松地跟着。正在这时，从江面驶来一个木筏，载着小弟子和 8 捆柴火。

年轻人和两个先到的弟子，你看看我，我看看你，沉默不语。划木筏的小徒弟，与智者坦然相对。智者见状于是就问年轻人："怎么啦，你对自己的表现不满意？"

"大师，让我们再砍一次吧！"那个年轻人请求说，"我一开始就砍了 6 捆，扛到半路，就扛不动了，扔了两捆；又走了一会儿，还是压得喘不过气，又扔掉两捆；最后，我就把这两捆扛回来了。可是，大师，我已经很努力了。"

"我和他恰恰相反，"那个大弟子说，"刚开始，我俩各砍两捆，将 4 捆柴一前一后挂在扁担上，跟着这个施主走。我和师弟轮换担柴，不但不觉得累，反倒觉得轻松了很多。最后，又把施主丢弃的柴挑了回来。"

划木筏回来的小弟子接过话，说："我知道自己个子矮，力气小，别说两捆，就是一捆，这么远的路也挑不回来，所以我选择走水路。"

智者用赞赏的目光看着弟子们，微微颔首，然后走到年轻人面前，拍着他的肩膀，语重心长地说："你应该明白自己为什么苦恼了。一个人勤奋本身没有错，关键是怎么勤奋；认真走自己的路本身没有错，关键是走的路是否正确。"

同样是上山砍柴，因为回来的方法不同，其结果完全不同。勤奋努力的年轻人表现最差，因为他没有选择适合自己的方法。虽然一开始他非常努力，但是却把自己的体力消耗光了，而最聪明的应该是利用木筏的小弟子，他找到最合适的方式完成了任务。

选择合适的方法并不是投机取巧，而是在条件允许的情况下找到最便捷、最合适的途径去完成自己的任务。只有选择了合适的方式取舍，才能达到游刃有余的地步。做什么事情都要有方法，同样如果希望自己在工作中大展宏图，在人际交往中如鱼得水，在生活中感觉到生的快乐，也都是需要方法的，这就是如何取舍的方法。

## 选好目标是取舍自如的前提

世界上最重要的事，莫过于知道怎样实现自己的人生目标。

人生没有目标，就像是一条船在大海里迷失了方向，任由波浪冲来荡去。如果在取舍中没有目标，就会乱了阵脚，进不成进，退也不成退。有了目标才能有进有退，才知道自己要得到什么，也知道需要放弃什么。所以在决定取舍之前，必须树立自己的目标。可以说，只有那些拥有目标的人，才能取舍有度。

耶鲁大学作过一项跟踪调查：

在开始的时候，研究人员向参与调查的学生们问了这样一个问题："你们有目标吗？"有4%的学生的回答是肯定的，并清楚地说出了自己的目标。20年后，这4%的人，无论从事业发展还是生活水平上说，都远远超过了另外那些没有目标的同龄人，而且他们所拥有的财富居然超过了其他人的总和！而那96%的人在干什么呢？研究人员发现：这些人忙忙碌碌，一辈子都在直接间接地、自觉不自觉地帮助那4%有目的有眼光的人们实现他们的奋斗目标。

成功人士与平庸之辈最根本的差别，不在于天赋，也不在于机遇，而在于有无明确而远大的人生目标。林肯致力于解放黑奴，并因此而成为美国最伟大的总统；海伦·凯勒专注于学习说话，因此尽管她又聋又哑，而且双眼失明，但还是实现了她的目标；福烈兹专心于生产，让利润低微的小酵母饼行销全球。

目标一旦明确，就会产生一种动力和毅力。这种力量让我们能在取舍的道路上克服重重困难，拒绝各种诱惑，专注地去追求目标。目标是成功的前提，也是取舍自如的前提。有了目标之后，才能坚持，才肯放弃。

约在公元前300年，雅典有个叫台摩斯顿的人，年轻时立志做一个演说家。于是，他四处拜师，学习演说术。为了找到合适的老师，他花费了所有的家产；为了练好演说，他只能住在一间地下室，每天在那里练嗓音，几乎放弃了所有娱乐；为了迫使自己不能外出郊游，一心训练，他把头发剪一半留一半；为了克服口吃、发音困难的缺陷，他口中衔着石子朗诵长诗；为了矫正身体某些不适当的动作，他坐在利剑下；为了修正自己的面部表情，他对着镜子演讲。台摩斯顿为自己的目标做出了很多努力，同时也付出了巨大的代价。后来，他终于成为当时最伟大的演说家。

明确的目标让我们坚定不移。为了目标我们可以付出巨大的代价，再艰辛的努力也可以举重若轻。但是目标必须明确而且坚定，如果目标任性而为，很可能一无所有。一个没有目标的人不会成功，一个拥有太多目标的人同样难有成就，而只是在不断变换自己目标的过程中浪费光阴。

从人生取舍的角度分析，目标不明确的人不懂得取和舍，他们总是在追求不确定的目标，往往在不断追求目标的过程中丢弃自己真正需要的东西，其结果常常是一无所成。

有一天，一只小猴子下山去找食物。它走到一块玉米地里，看见玉米结得又大又多，非常高兴，就掰了一个，扛着往前走。小猴子扛着玉米，走到一棵桃树下。它看见满树的桃子又大又红，非常高兴，就扔了玉米去摘桃子。小猴子捧着几个桃子，走到一片瓜地里。它看见满地的西瓜又大又圆，非常高兴，就扔了桃子去摘西瓜。

小猴子抱着一个大西瓜往回走。走着走着，看见一只小兔蹦蹦跳跳的，真可爱。它非常高兴，就扔了西瓜去追小兔。小兔跑进树林子，不见了。小猴子只好空着手回家去。

我们常常不自觉地犯了小猴子的错误。可以回想一下，过去的时间中我们完成了多少目标？当然并不是所有目标都需要去实现，我们只要找到在现阶段合适自己的目标，然后努力去实现，这就可以了。

首先必须确定自己想干什么，然后才能努力达到确定的目标。设定目标时，一定要分清楚什么最重要，并不是所有的目标都是可行的，只有现实的目标才有可操作性。想要为自己的一生设定一个明确的目标不仅是不现实的，而且也是没有必要的。因为事情可能发生出乎意料的变化，原来的目标也就失去了意义。

我们可以同时设定一个短期的小目标和一个远期的大目标。当实现了一个小目标后，可以在此基础上重新设定下一个小目标。同时还可以根据小目标的实现情况适当调整大目标。这样层层递进，随着一个个小目标的实现，大目标也越来越明确、越具体并最终得以实现。当我们实现了一个个小目标，就能鼓舞我们不断前进；当我们心中有了大目标之后，就可以有取有舍，坚持不懈。

设定目标时，一定要分清楚什么价值最重要。目标是前进的动力，大小不同的目标帮助我们在前进道路上走得又快又稳。

## 用双手为取舍化妆

最好的方法就是不让别人察觉的方法。

取舍之间多讲究方法会让取舍更轻松自如。有时候我们可以用糖衣炮弹的方法,把"取舍"伪装起来,这样做可以少遭遇许多阻力。取舍实际上是与对手实力的博弈,如果能用巧妙的方法使得对手按照自己的计划行动,就能让自己取舍自如。要想改变别人的想法、看法甚至做法异常艰难。人与人生活的环境和接受的教育都不同,所以观念可能会完全不同。要想让对方按照自己的想法行事,有时是不可能的。

光依靠批评和责备,往往不能说服别人。有些人往往难以接受别人的批评和指责,即使自己明明知道存在不合适的地方,但是碍于面子或其他原因,宁愿继续错下去也不愿意改正。但是,懂得在取舍中运用糖衣炮弹的人,就能找到一种让忠言不逆耳的方法。

在我们取舍的过程中,很可能刺伤对方,激起反感。所以在取舍的过程中,必须选择恰当的时机、恰当的表达方式。有时虽然动机很好,但如果取舍的方法处理不得当,很可能就会举步维艰。

某单位员工迟到早退的问题很严重,上司决定管一管。如果他找来员工态度和蔼地交流,事情很容易过去。虽然上司管理员工迟到是天经地义的事,但是他态度恶劣粗暴,甚至以威胁的口气说话。

其中有一位被批评的员工觉得受了侮辱,于是强硬地回答:"既然对我不满意,那我不干好了。"出现这样的情况,上司很难下台。其实迟到者都知道迟到是自己不对,但是由于对上司的态度产生了抵触情绪,就产生了逆反。本来很有理的上司忽然取舍两难。

因为上司没有采取合适的方法,本来简单的事情弄得比较难以收拾。其中根本的原因是这位上司直来直去，不注意方式方法。如果他能够平心静气并且顾及员工的感受，事情就简单得多。

同样，在取舍的过程中，最好不要相互比较。尤其在自己拥有一定优势的时候，相互比较是最忌讳的事情。在与别人的交流过程中，喋喋不休地列举别人的错误和不足，容易给人揪住别人的辫子不放的感觉。保持负责、中肯的态度，才更能达到劝服别人的目的。

在日本幕府时期，本多正信先生对当时江户武士们盛行暗杀行人以试宝刀的作风大为不满，百姓也对此惶惶不可终日，影响了他们正常的生活。于是本多正信把武士们统统招来，跟他们说："各位武士，自从三河之战以后，立下战功的骑士有万人之多，但是没想到，他们近来都成了胆小鬼，真是可叹！""本多先生，您老为什么这么说？"有武士追问。"不这么说，最近江户城里，偷偷摸摸干杀人勾当的事儿太多太多，你们骑士为什么不管不问？"武士们都低头不语，从那以后暗杀行人的事就绝迹了，这些话实在是糖衣苦药，收到了预期的效果。

取舍之间多讲究方法，多为对方着想，以对方更容易接受的方式表达，这是取舍自如的重要技巧，也是重要的人生智慧。糖衣炮弹有时候可能发挥极大的作用，它可以巧妙绕开障碍和减少阻力。

取舍是一种力量的博弈，在博弈的时候必然会受到各种阻力。如果这种阻力处理不适当，很可能激化成为矛盾。而糖衣炮弹是一种伪装，它能缓解紧张的局面，矛盾也就以一种巧妙的方式化解。

把取舍伪装起来，不仅能达到劝服别人的目的，也能更好地处理矛盾。

## 不作为的意外收获

对棘手的问题进行冷却，让事件冷静，也让自我平静。

不作为有时是最好的办法。在经历了众多社会变迁，也经历了许多人际交往中的是是非非之后，我们才会明白一个道理：有时候在棘手的问题上，采取冷处理的办法反而十分奏效。

不同的人对同一问题会有不同的意见。意见不合会转化成矛盾，如果这样的矛盾让大家彼此议论，很可能就会影响整个事态的发展。因为在矛盾激化的时候，容易发生过激冲突。在这个时候，矛盾的双方针锋相对，据理力争，却有可能火上浇油。问题不但不能解决，甚至会继续恶化。

人的愤怒和情绪都有一定的惯性，要改变这种惯性需要时间和过程。强迫人马上接受你的观点，或者自己马上作出退让，反而会挑起更激烈的争论。鲁迅先生曾经说过："反对者的赞同，往往在改革者成功之后。"因此，把许多热问题放一放、看一看或换一种处理办法，在这个冷处理的过程中，人们的观点可能会慢慢改变，原先接受不了的事物，就有可能慢慢接受。

不管是处理国家大事，还是处理个人问题，这一方法很可能带来意想不到的效果。每个人都有可能遇到棘手问题，如果靠愤怒来解决自己的不满，靠强权压迫别人，这种浮躁的状态往往会让自己失去原有的理智。如果严重到失控的地步，往往就会把原本很好的事情办砸。

我们都知道愤怒本身是一种错误，它会制造出更多错误。以热制热，无异于点火，有时候甚至可能发生"爆炸"。但是，如果我们学会冷处理的办法，面对棘手的问题一样可以沉着处理。

面对矛盾和争论的时候，不要急于立即决定是取还是舍。这时更需冷静，这样才能客观地分析问题。就像治理洪水一样，不去堵塞它，而去疏导它，排除在不够理智的情形下可能引发的误会。冷静以后思考，即使面对真正棘手的取舍问题，自己的言行也不会过激，对策也会更科学。生活常常如此，如果矛盾棘手到我们不知如何是好的时候，暂时不要去理会它，等问题自我冷却之后再作决定。

我们都有过这样的窘迫，当面对一个棘手的重大问题的时候，不管自己如何苦思冥想，也没有结果。而无心的沟通却可能触发取舍的灵感。生活中似乎也有一些让人过不了夜、睡不着觉的事情，假如你的修养能达到即使遇到这样的事情也能蒙着被子睡一觉，清晨醒来一样冷静地去面对问题的时候，这就叫取舍自如。

取舍之前须冷静分析。一方面，对于问题和矛盾的冷处理可以让自己保持冷静；另一方面，对别人进行冷处理，可以让对方在受到冷遇之后，反省自身的错误，这样可能达到很好的效果。无形之中，就使得自己能进也能退。杰克实在是叫人头痛的孩子，所有人都说他脑袋聪明，课堂上"一听就懂""一看就会"，都说他以后肯定会有出息，但他却有个毛病——不爱写作业。半年来他的家庭作业只完成过三次。

由于缺乏必要的巩固，他的基础知识很不扎实，做题时总是"一做就错"。每次考试靠他的小聪明对付个及格，这个毛病使他进不了优秀的行列。他的老师不知用了多少方法，可杰克还是毫无改变。

这一次老师又检查学生的作业，杰克一样交了白卷。可奇怪的是，这次老师既没有生气地严加斥责，也没有提醒他下次注意改正，而只是轻描淡写地说了一句"坐下"就再也不管他了，弄得杰克不知道该高兴还是难过。第二次检查作业，当杰克又怯生生地站起来时，老师干脆理也不理，越过他去检查别的同学，唯独不给他机会。第三天,大家见杰克总是低着头,课堂上也收敛了许多。第四天、第五天,老师还是一样不理杰克……

杰克再也坚持不住了,他主动找到了老师。"老师,我错了,以后我一定认真完成作业。"说着用双手把前一天的家庭作业递到老师面前。杰克是真的悔过自新了。

人人都希望自己能得到别人的重视。还有什么比被别人轻视、受到冷落而更能触及一个人的灵魂呢?有时候,适当的冷处理远比一味的关切更有成效,只是切记冷要有度,要适可而止,使对方心灵受到的是触动而不是伤害,否则很可能导致对方自暴自弃。

要想取舍自如,一定要学会对问题进行冷处理,只有这样才能冷静处理棘手的问题和矛盾;而懂得对顽固之人进行冷处理,就是给其自我反省的空间,而让其自知对错。冷处理让自己更冷静理智,也让自己取舍自如。在面对棘手的问题时,我们需要学会冷静面对。对别人进行冷处理,可以让对方反省自身的错误,这样可能达到意想不到的效果。

## 在取舍中为自己建造一个休憩站

休息和创造世界的工作是同样神圣的。

取舍需要力量,而休息是一种力量的延续和积累。上帝在六天创造世界之后,第七天就休息。耶和华在西奈山向摩西传十戒,其第四戒就是星期天必须休息,定为圣日。列宁曾经说过,一个人如果不会休息,就不会工作。休息是人体生理机能的需要,也是一种生活方式的转换和调整。

人不是机器,可以不知疲惫地工作。即使是机器,也有需要增加动力的时候。一个高效的人必定懂得休息,他可以用同样的时间做更多的事情,或者把事情做得更好。只有学会休息才能学会取舍。

在面对问题的时候，我们都期望在最短的时间内解决并获得成果。在讲究效率的社会中，只有那些高效人士才能成功。可是有人却陷入了效率的漩涡之中，为了追求效率，他们努力进取，甚至可以牺牲掉任何休息。正是这种"拼命三郎"的精神让自己的效率越来越低，其实适当的休息可以让我们更高效地工作。

弗雷德里克·泰勒在贝德汉钢铁公司担任科学管理工程师的时候，曾经以实验证明了从事体力劳动的人，如果适当休息的话，每天就可以做更多的工作。这听起来有点荒谬，但是这的确是个事实。

他曾经观察过，工人每人每天可以往货车上装大约12.5吨的生铁，通常他们中午时就已经精疲力竭了。他对所有产生疲劳的因素作了一次科学性的研究，认为这些工人不应该每天只运12.5吨的生铁，而应该每天运47吨。按照他的计算，他们应该可以做到目前成绩的4倍，而且不会像原来那么疲劳。

为了证明自己的观点，他开始了试验。泰勒选了一位名字叫施密特的普通工人，让他按照泰勒规定的时间工作，泰勒在一边拿着时间表指挥着施密特："现在拿起一块生铁！走！现在坐下来休息！现在走！现在休息！"而施密特先生完全按照指挥来工作。

结果是不是真的能如泰勒预计的一样呢？

那一天施密特先生装运了47.5吨的生铁，真的远远超出了原来的水平，而且施密特并不感觉到比原来疲惫。施密特用这个办法大大地提高了工作的效率。在接下来的几天时间里，施密特先生的工作成绩没有下降。其实泰勒的办法很简单，只是在工作了26分钟以后，休息34分钟。虽然表面上看起来他休息的时间比工作的时间还要多，可是他的工作成绩却提高了 4 倍。

我们所花的时间精力与在此时间取得的成果就像是一条抛物线，并不是花大量的时间和精力，就能有效地解决问题。在一定的范围内，所花的时间和精力与取得的成果是成正比的，而超过一定范围后就成了反比。也就是说在这个范围里你越努力，取得的成功越明显，而一旦到了某个程度，你越努力的效果却越不明显，甚至越努力取得的成功可能却越少。

休息的目的是让我们能够做得更好，休息不等于停止，而是在酝酿前进的动力和策略。人生取舍中，必须学会休息。在一帆风顺时，我们可在休息中警惕危机；在逆水行舟时，我们在休息中找到坚持的动力；在不得不退时，我们可以在休息中谋划未来。

不管是进取还是舍弃，都不要忘记休息。要想提高效率，就得先学会休息，休息可以帮助延续和积累力量，更可以转换和调整生活方式。要想取舍自如，就需要学会休息。

## 在取舍中展翅高飞

想象是世界上最伟大的力量，是取舍的翅膀。

通过想象，我们可以预测前进道路上可能出现的一些问题，而尽自己所能去避免这些问题的出现；通过想象，我们能意识到后退可能产生的后果。可以说，想象为取舍插上了翅膀，让我们取舍自如。

在决定取舍之前，请自由地发挥想象。大胆地想象前进之后的情景，或者想象后退之后的状况，这会对现实的结果起决定性的作用。并不是说有的失败非得发生以后才能给我们经验，想象有时是最好的老师。

爱因斯坦说："想象比知识更重要。因为知识是有限的，而想象力概括着世界上的一切,推动着进步,并且是知识进化的源泉。世界上最伟大的力量,就是想象力。"凯恩也说过:"没有想象力的人,无法离开地面,因为他没有翅膀,不会飞。"一旦我们拥有了想象力,就可以为我们自己插上翅膀。任何一种艺术创作都是想象的再现,我们甚至可以说,"世界上所有的一切,都是把脑海中的画面搬到现实中的"。有了想象力,才能把我们的目标具体化。想象力是刺激潜意识的工具,也是人类潜能的开发机。

《侏罗纪公园》这部科幻片曾经轰动一时,当观众在剧院里感觉到栩栩如生的恐龙一脚要踩下时,忍不住尖叫,而这部电影的拍摄过程就是从小说家的想象开始,然后形成文字。

好莱坞大导演斯皮尔伯格读了小说之后,在脑海中形成一个栩栩如生的画面。最后他找到全世界最顶尖的电脑动画制作团队,将脑海中的想象,化为影像呈现出来。如果没有小说家的想象,没有导演的想象,就不会有这部震撼人心的电影。

想象在人的各种创造活动中也起着重要的作用。瓦特因开水冲盖受到启发而成功改良蒸汽机,牛顿因苹果落地发现万有引力等有关想象力的故事已是家喻户晓。所有一切的发生,都是从脑中的画面开始的。我们写字用的笔、驾驶的车、住的房子,都是先在设计者的脑海中形成画面,接着画成设计图,最后才搬到现实世界中。

成功也是一样,当你可以在脑海中清楚地勾勒出自己成功之后的画面,栩栩如生、充满感情,甚至连大脑都无法分辨真假时,你就已经快形成追求目标了。因为成功的企业家可能是在身无分文时,就在脑中想象自己站在企业总部里的成就感。那些好莱坞的超级巨星,可能在一无所有时,就在脑中想象自己有一天会在银幕上大放异彩的形象。这就是成功者与失败者最大的差别,成功者总能在脑中勾勒出他们成功的画面。

但是，我们的想象力在不知不觉中消失，人们的想象力也被各种社会常识给取代了。任何有违常理的想象都会成为笑话。随着年龄的增长、阅历的丰富，想象力变得日渐贫乏、苍白。

不久前在网上读到这么一则故事。1968年，美国内华达州一位叫伊迪丝的3岁小孩告诉妈妈，她认识礼品盒上的"OPEN"的第一个字母"O"。这位妈妈非常吃惊，问她是怎么认识的。伊迪丝说："薇拉小姐教的。"这位母亲表扬了女儿之后，一纸诉状把薇拉小姐所在的劳拉三世幼儿园告上了法庭，理由是该幼儿园剥夺了伊迪丝的想象力。因为她的女儿在认识"O"之前，能把"O"说成苹果、太阳、足球、鸡蛋之类的圆形东西，然而自从她识读了26个字母后，便失去了这种能力。她要求该幼儿园对这种后果负责，赔偿伊迪丝精神伤残费。

3个月后，法院审判伊迪丝胜诉，因为陪审团的23名成员被这位母亲的辩词所感动了。"在一家公园里，我曾见过这么两只天鹅，一只被剪去了左边的翅膀，一只完好无损。剪翅膀的被收养在较大的一片水塘里，完好的那只被放养在一片较小的水塘里。剪去翅膀的因无法保持身体的平衡，飞起来就会掉下来；没有被剪去翅膀的因没有必要的滑翔路程，只好老实地呆在水里。今天我感到伊迪丝变成了幼儿园的一只天鹅，他们剪掉了伊迪丝的一只翅膀，一只想象的翅膀；他们早早地把她投进了那片小水塘，那片只有ABC的小水塘。"

联合国教科文组织指出："教育既可以培养学生的创新精神，也可能扼杀学生的创新精神。"教育如果是一把双刃剑，应试教育则是扼杀想象力的"魔剑"。在应试教育的模式下，统一的教育方式、统一的标准答案束缚着学生的想象力。经过严格规范的义务教育后，很多人变得呆头呆脑、循规蹈矩，不敢越雷池一步，完全成了一台考试的机器，哪里还有半点想象力和创造力可言？

我们很佩服孩子母亲的智慧和勇气。她知道想象是人的天性，是飞向成功的翅膀。研究表明想象在我们学习和思维发展中具有很重要的作用，想象力越强，记忆能力越高，思维能力也就越强；想象力强的人个性特点鲜明——他们思维活跃敏捷、学习专注、求新求异、有独立见解、寻根问底、记忆力强、知识面较广。

想象力已经成为了优秀人才必须具备的基本素质，并且也越来越受到关注。发达国家的一些大企业在选择高级管理人员的时候，考察他们必须具备的六大能力之一就是想象力。想象力在取舍之间发生的作用远远超越了我们的其他能力。

展开想象的翅膀，不要被思想束缚。想象可以让我们在"取舍"的过程中独辟蹊径。正是想象力为我们描绘出美好的愿景；正是想象让我们找到身边的退路。请记住，如果没有了想象力，就像鸟儿没了翅膀；而拥有了想象，你就为自己插上了一双翅膀。

## 无规矩不成方圆

取舍之间有规则，它就像是风筝的线一样，运用得好会让我们飞得更高。

"没有规矩，不成方圆"出自《孟子·离娄上》。原意是说，如果没有规和矩，就无法制作出方形和圆形的东西，后来引申为行为举止的得体和规范。这句话之所以被广为流传，是因为包含着丰富的人生智慧。对于一个深谙人生智慧的人，更应该明白在"规矩"之中，找到取舍之路。规矩就是指导自己取舍的基本准则。有了"规矩"就应该严格执行，即使是面对权势，也一样应该按规定行事，这样更能得到别人的尊敬。

周亚夫是汉朝功勋卓著的将军,以英勇善战、严守军纪著称。有一次,汉文帝要亲自犒劳军队,先到达驻扎在灞上和棘门的军营,文帝一行直接骑马进入营寨,那里的将军和他的部下都骑马前来迎接。

接着文帝到达细柳的军营,那里驻扎着周亚夫的军队。只见细柳营的将士们都身披铠甲,手执锋利的武器,拿着张满的弓弩。文帝的先驱队伍到了,想直接进去,营门口的卫兵不让进。先驱说:"天子马上就要到了!"把守营门的军门都尉:"将军有令:军队里只听将军的号令,不听其他指令。"

过了一会儿,文帝也到了,仍然不能进入军营。于是文帝便派使者持符节诏告将军:"我想进入军营慰劳军队。"周亚夫这才传达命令说:"打开军营大门!"守卫军营大门的军官对文帝一行驾车骑马的人说:"将军有规定:在军营内不许策马奔驰。"于是文帝等人就拉着缰绳缓缓前行。

一进军营,周亚夫手执兵器对文帝拱手作揖说:"穿着盔甲的武士不能够下拜,请允许我以军礼参见陛下。"文帝被他感动,表情变得庄重,手扶车前的横木,称谢说:"皇帝敬劳将军!"说罢,文帝仍然不停地称赞周亚夫,并传令重赏。

出了营门,群臣都表示惊讶。文帝说:"这才是真正的将军!前面所经过的灞上和棘门的军队,就像儿戏一般,敌人很容易用偷袭的办法将他们俘虏;至于周亚夫,谁又能够轻易地打败他?"

严守军规的将军不光得到了文帝的赏识,更重要的是他没有让自己的军队暴露在危险之中。周将军取舍之道在于规矩,他明白如果放弃了规矩,就等于毁掉了自己取舍的原则。他没有因为文帝的到来而改变军队的规矩,也就是说他用规矩守住了取舍的原则。

军队严守军规，才能拥有强大的战斗力，而纪律严明的人，才能取舍自如。如果一个人不能严于律己，那么很难有所成就，因为他在面对问题的时候就不能取舍分明。

联想集团建立了每周一次的办公例会制度。有一段时间，一些参会领导由于多种原因经常迟到，大多数人因为等一两个人而浪费了宝贵的时间。于是柳传志决定，补充一条会议纪律，迟到者要在门口罚站 5 分钟，以示警告。

纪律颁布后，迟到现象大有好转，被罚站的人很少。有一次，柳传志自己因特殊情况迟到了，走进会场后，大家都等着看他将如何解释和面对。柳传志先是一个劲地道歉，解释原因，然后自觉地在大门口罚站 5 分钟。可以说正是因为柳传志严于律己的态度，让联想在各种机遇和挑战面前取舍自如，在商界创造一个又一个的神话。

举一个简单的例子：随着我国经济的发展，私家车发展迅速，并且还在高速增加，交通问题已经成为了最广泛的社会问题。许多专家为交通问题出谋划策。其实，增加投入建桥修路也好，增加交警上路疏导也罢，都是治标不治本。治本之策，就是提高公民尤其是司机的道德水准，大家都遵守交通规则，行人和非机动车各行其道。只有如此，才可能减少交通事故，保证道路安全。

我们在人生的道路上行走，就像在道路上行车一样，只有按照规则取舍，才能保证安全地到达目的地。如果没有了规矩，任意而为，必定害人害己。为自己的取舍制订规则，不要轻易去破坏规则，它必定会帮助我们取舍有度。

## 人脉决定取舍的成果

良好的人际关系是成功的重要前提,有时比个人努力更重要。

我们每个人都希望贵人出现。所谓"贵人"就是在特定时候出现,能够帮助自己解决重要问题、达到理想,甚至改变我们人生道路的重要人物。如果能得到贵人帮助,不管是进还是退,都会变得游刃有余。

有贵人帮助必定能够加速自己的成功,让自己尽快出人头地,有贵人帮助也能让自己全身而退。当然并不是每个人都那么幸运,能够遇上自己生命中的贵人。不能遇上贵人的一个重要原因就是身在福中不知福。要想贵人能帮助自己,就得自己先努力,如果自己不努力,身边满是贵人也无济于事。

刘备去世后,由儿子刘禅继位,刘禅的小名叫阿斗,是个愚笨无能的人。不管有多少个像诸葛亮这样才华出众的人呕心沥血地帮助,刘禅领导的蜀国还是很快被魏国灭掉。

刘禅可以说拥有一个无人能比的家庭背景,他拥有很多资本,身边更是有众多贵人。原本他起点很高,可是因为自身的原因,并没能很好地发挥自己的优势。

除了自己努力之外,要想得到贵人的帮助也不能消极等待,就是说贵人是可遇而不可求的。凭借自己的努力,在与人相处的过程中,我们都可以去选择、结识一些有可能帮助自己的贵人,从而借助他们的力量使得自己取舍自如。

其实,只要你留意并建立良好的人脉关系,你就会发现,生活中从来不缺贵人,他们既可能是你的领导、上司,也可能是你的朋友、同事,甚至可能是萍水相逢的陌生人。总之,谁都有可能是你的贵人。但是我们常常在不自知、不在意的情况下和贵人擦身而过!

## 第二章
### 取舍自如：取舍之法决定成败

人际网远远比我们能想到的更复杂，它好比一个八爪章鱼，每一个八爪章鱼在每一天每一分的时间里都在不停地集合、交错着，而任意一个交点上的普通人都可能成为你的贵人。

农夫养了一群羊，这一群羊中只有一只黑不溜秋的小黑羊，其他都是雪白的绵羊。小黑羊就像天鹅群中的丑小鸭，农夫怎么看怎么别扭。他有点讨厌这小黑羊，常给它吃最差的草料，还时不时抽它几鞭。

有一次，羊群外出吃草，不料突然下起了鹅毛大雪。它们只得躲在灌木丛中相互依偎，等待农夫来救它们。因为四处雪白，而羊群也是白色的，农夫根本看不清羊羔在哪里。忽然，农夫在一片雪白中看见了远处有一个小黑点——正是那只小黑羊，整个羊群才因此得救。

每个人都有可能是自己的贵人。不要只看着人脉中的显贵，这样会忽视其他更多的普通人。在适当的时机，任何一个普通人都可以扭转乾坤，成为你的大贵人。有研究表明：你和世界上的任何一个人，最多通过中间四个人就可以辗转联系上。不管对方是天皇巨星乔丹，还是恐怖组织头目本·拉登，你与他也只间隔有四个人。构成这个奇妙六人链中的第二个人，就是自己身边的人，父母、同学、老板，甚至每天帮你做清洁的下岗女工，都有可能。

要想多得贵人帮助，自己也应该努力成为别人的贵人。当自己能力允许时，尽可能帮助别人；如果条件不成熟，至少善待身边的每一个人。不仅是因为通过他们，你也许能够找到自己的贵人，更多的可能因为，山不转水转，他们说不定哪天就会成为你苦苦寻找的贵人。

## 自省是取舍的必经之路

曾子告诫后人:"吾日三省吾身。"

自省可以让我们拥有一种非常强大的力量,这种力量来自内心,可以帮助我们选择适合自己的取舍之路。一意孤行常常会让自己一败再败,如果不懂得自省,永远也得不到提高。

李强大学毕业后就和自己深爱的女友分手了。分手的原因是女朋友觉得李强个性太强,脾气太躁,今后难成气候。受到如此打击,很长一段时间李强都委靡不振。后来,李强重新振作,雄心勃勃地想成就一番事业。他在招聘广告中发现了一个市场调研主管的职位,满怀信心地去那家公司应聘。经过简单的笔试,在一个星期以后就收到了面试的通知。接下来发生的事情,让李强大跌眼镜。

坐在经理办公室里的人,竟然是李强前女友的父亲。经理在他对面坐下,像不认识李强一样。在认真看完李强递交上去的简历以后,问了一些面试的问题。而李强在交谈过程中始终不敢正视对面的经理。

经过半个多小时的交谈之后,经理一脸严肃而又平静地告诉李强,看了李强的笔试成绩和个人简历,他认为李强是个理论扎实,并有一定经验的应聘者,但是不能胜任这个工作。

听他一说完,李强终于忍耐不住自己心中的怒气:"我就知道您装模作样地在戏弄我、报复我。"他完全忘记了自己是一个求职者的身份。经理哈哈大笑,站起来和蔼地走到李强身边:"你低头看看自己脚上的袜子,一只白,一只红。这样粗心能从事精确的调研工作吗?你和我女儿分手,你就迁怒于我,你觉得这样的胸怀能当主管吗?你当了主管,也很难和下属很好地沟通。"

李强低头看看,无话可说,恼羞成怒地说:"林老板,有志者,事竟成。我相信有朝一日我在商界干得比你好。"说完气愤地转身就要走。经理没有生气,而是语重心长地说:"小伙子,慢着,别那么相信'有志者,事竟成',很多人都败在了这句话上。对于男人来说,事业最大的失误就是不懂得反省。我看你专业理论精通,适合朝学术方面发展。我相信你在这方面会有所成就。"

经理的话让李强完全冷静了下来,这段对话让李强永生难忘。在羞愧之中,他开始自我反省。的确,经理说的一点也没有错,因为自己的性格,他错失了很多机会。后来李强听从了经理的意见,选择了去学校做理论工作,几年之后就成为了学科的领头人物。他还常常劝告自己的学生,不要忘记自我反省,常低头看一看自己。

成功的人大多因为善于"自省",能更快地找到取舍之路。在自省过程中,我们要发现自己的不足,这样才能在以后的道路上修正错误,不断提高。"自省"也是自我调解的一条心路。它帮助我们消除自满情绪,保持谦虚;它也能帮助我们走出自卑,真正走上自强的道路。不断自省才能够让自己在进与退之间找到平衡点,不在前进的路途中骄傲膨胀,也不会在后退的道路上自暴自弃。

## 慧眼识珠是取舍的必备武器

从善如流,知人善任,才能成就一番事业。

俗话说:"画虎画皮难画骨,知人知面不知心。"学会识人是人生第一大要务。"自古千里马常有,而伯乐不常有。"可见,善于发现人才、知人善任的人,历来少见。正是因为如此,在取舍之间,学会识人就显得尤为重要。

事业的起起落落都与我们所结识的人有莫大的关系。如果我们善于观察人、分析人,在取舍之间就会有更大的空间。优秀的人才是事业成功的保障，更是渡过难关的救生艇。

李嘉诚的成功之处就在于他知人善任。随着长江实业的发展，原有的老臣子已经不足以管理日益庞大的业务，很有必要补充青年才俊，作为企业的新鲜血液。通过多年的实践总结，李嘉诚发现，用人的学问主要在于三大类型的完美组合，即中西组合、新老组合、内外组合。中西组合就是指旗下中国人与外国人共同合作，完善国际化管理。

早在生产塑胶花时期，李嘉诚就已经开始重金聘请外国的塑胶技术专家。20世纪60年代初期，李嘉诚认为，很有必要启用外国人担任长江实业集团的管理工作。于是，他高薪聘请了一位美国人出任总经理，负责日常行政。

在他提拔的管理层中，还有一位新秀很引人注目，他就是从事长实幕后工作的精英——霍建宁。他当年从香港大学毕业后，前往美国留学。1979年回到香港后，被李嘉诚慧眼识得，旋即纳入旗下，担任会计主任。

1985年，霍建宁被委任为长江实业董事。两年后，李嘉诚又提升他为董事副总经理。霍建宁为人处事沉稳低调，他曾自我评价说："我不是个冲锋陷阵的干将，而是个专业管理人士。"对此，李嘉诚也报以赞同的态度，当年李嘉诚也正是看中了他这一点。故而，他特别安排霍建宁负责长实全线的投资安排、股票发行、银行贷款、债券兑换等重要事宜。外界都将霍建宁称作"浑身充满赚钱细胞的人"。

女将洪小莲原本是李嘉诚的秘书，从20世纪60年代起，就跟随李嘉诚左右，深得他的信任。李嘉诚旗下集团事务，无论大小，但凡需要李嘉诚过目了解的，都由洪小莲先行汇总整理。洪小莲犹如李嘉诚的大管家，总是将大小事务打点得妥当周密，因此李嘉诚对她的工作能力赞不绝口,而熟悉洪小莲的人也说:"洪姑娘是说话算数,能够拍板做主的人。"洪小莲不仅赢得了李嘉诚的欣赏与信任,也赢得了旗下员工们的尊重和爱戴,她为长实发展立下了汗马功劳,至今仍然是长江实业的董事之一。

李嘉诚知人善任的本领,让人敬佩不已。那么如何能准确地认识一个人呢?方法也很简单,我们可以通过对方言谈和做事来辨别,还可以从欲望、抱负和经验上分析,这样才能进一步了解一个人,从而窥探到对方的内心世界。在现实生活中,具有识人的本领,就意味着你可以在复杂的社会环境中,看透周围发生的人与事,辨别一个人的真伪,洞察其内心深处潜藏的玄机,然后在各种场合应对自如。顺利地窥探出情绪变化的温差,辨别出气色蕴藏的内涵,会使你在人生的旅途上左右逢源,移步生莲。

如果我们具有这样的本领,不但可以发现他人的长短优劣,辨人于弹指之间,察其心而制其人,而且可以主动接近那些有才能的人,使自己得到教益,或者对他们委以重任,帮助自己发展事业。如此一来,就可以潇洒地辗转于人生的竞技场中,把"发球权"牢牢地掌握在自己的手中。

学会识人是人生的学问,我们要在人生的棋局中取舍自如,就要学会观察和分析人。识人术是一门非常实用的技能。要认识和深入了解一个人,就要看其神色,观其言行,在危难中考验他。切记不可以貌取人,不要嫉妒他人,不可轻信他人言辞,不能小气量人。反之,要大肚能容人,透过假象看真人,这样才能不受制于他人。

# 第三章

## 顺势而为：变化决定取舍的成败

> 懂得取舍的人明白一个道理：就是永远不要去对抗趋势。趋势不会因为个人意愿而改变。如果不懂得把握形势的发展和情况的变化，就不能作出正确的判断，也就不能把握住最佳的取舍时机。

### 随机应变

随机应变是把握机会的重要能力，也是一种生存的智慧。如果一个人不知道如何改变自己去适应环境，必定会被环境所淘汰。只有那些能够主动改变自己，去适应环境的人才能把握机会。

法国著名科学家法伯发现了一种很有趣的虫子，这种虫子有一种"跟随者"的习性，它们外出觅食或者玩耍，都会跟随在另一只同类的后面，从不另寻出路。

法伯做了一个实验，他将这些虫子一只只首尾相连放在一个花盆周围，这些虫子就只会不知疲倦地围绕着花盆转圈，直到累死为止。这种可怜的虫子给我们的提示就是：不要一条路走到黑，要主动在变化中寻找机会。

有时候，在环境的压力下我们不得不改变自己的初衷，有时甚至还要说一些违心的话或者做一些违心的事。这都情有可原，因为在这世界上，能够改变环境的是极少数人，多数人都只能够

# 第三章
## 顺势而为：变化决定取舍的成败

改变自己去适应环境。

一个人想要成功，就需要适应环境。如果不能适应环境，就不能生存。连生存都成了问题，还如何能够取舍？环境变化了，我们就要能够做出不同的反应。从不同的角度去看待同一个事物，可以得出完全不同的结果。那些能够随机应变的人可以取舍自如。

一个小徒弟跟着铁匠师傅学艺，不久就能自己接活了。在自己接活时，小徒弟打了四把斧子，自己特别满意。

第一个顾客是中年农民，他抱怨斧子太沉。小徒弟无言以对，师傅对农民说："你的身体强壮，斧子大点看着才相称！"

第二位客人是屠夫，他不满意地说："斧子太小，砍骨头恐怕不行。"小徒弟心想可能是自己的技术不行，羞愧地低下了头。师傅对屠夫说："这把斧子肯定能用，太大了手臂容易发酸。"屠夫连连点头。

第三位顾客是一位年轻的樵夫，他一进门就问："怎么用了这么长时间？"小徒弟脸憋得红红的，心想，看样子要返工了。师傅连忙笑着说："慢工出细活嘛！这斧子保管你一天砍一大堆！"樵夫满意地走了。

一会儿，一位老人走进来，皱着眉头说："这么快就做好了？恐怕打得不到火候吧！"小徒弟哭笑不得，一脸窘迫。这时师傅上前解释说："这不是怕您急伤了身体吗？我这位徒弟可是连夜打出来的，质量绝对没问题！"老人一听，喜得眉开眼笑，付了钱，高兴地走了。

铁匠师傅可以说是深谙取舍之道的高手。他能根据环境的变化，从不同的角度给出不同的答案，而每一个答案都能让人心满意足。他的高明之处在于能够随环境变化而变化，可以说他掌握了变化的时机。

当然，到什么山上唱什么歌，并不是说做一个毫无原则的"变色龙"，更不应该是随风而倒的"墙头草"。在不放弃原则的前提下，随环境的变化而改变自己，为的是更好地适应环境，抓住变化中出现的机会。

## 高处不胜寒的处境

盛极必衰，衰飒的景象，就在盛满中，故君子居安宜操一心以虑患，处变当坚百忍以图成。

历史规律告诉我们，衰败的景象往往在极盛的时候就种下了祸根，而机遇的转变是在零落的时候就已经出现转机。所以，我们在颓败之势中要保持进取之心，而在极盛时期要怀有退让之心。只有在极盛时期怀有谦虚和退让之心，才能保持冷静和理智，这样才能防范未来的某种祸患。

《易经》提出"月中则昃，月盈则亏"，就是说天地间万事万物都会由盛而衰，在极盛时可能就已经露出衰落凋谢的预兆，所以人在极盛时，更需要保持自己的清醒头脑，防患于未然。

汉成帝某次游后花园时，想与班婕妤同车。班婕妤婉言辞谢说："看古人的图画中，圣贤的国君，都由有富名望而贤明的臣子陪在身边；三代（夏、商、周）末世的君主，才有宠幸的臣妾在侧。现在君主与我同乘一部车，难道不是与他们相似了吗？"太后听到这些话，很高兴地说："古代有贤惠的樊姬，现在有班婕妤。"

后来飞燕谗毁班婕妤，说她诅咒太后，甚至也咒骂皇上。成帝于是就查问班婕妤，她回答说："臣妾听说：死生有命，富贵在天。自己的德性修养端正，都无法蒙受上天所赐的福分；去做一些邪恶不正的事，又能指望得到什么？假使鬼神有知觉，它们一定不会接受奸邪谗佞的诉讼；如果没知觉，告诉它们又有何用呢？所以我是不会做这种事的。"成帝觉得她说得很有道理，就赦免她，并赐黄金百斤。

飞燕娇媚又善妒，班婕妤恐怕迟早受害，于是请求到长信宫去陪侍太后。班婕妤不与君主同车，后来又到长信宫去陪太后，都说明她在极盛时期保持清醒头脑，以便防止未来某种祸患的发生。

在人生的极盛时期可能事事顺利，这时候就像是站在人生的风口浪尖，有的人利用自身优势呼风唤雨，而有的人却怀有退让之心。真正聪明的人在极盛时期常怀有退让之心，而这种退让之心让他规避了人生风险，让我们不能不感佩其智慧的博大精深。

由于治理四川成绩斐然，高士廉于贞观五年（公元631年）上调京师，出任吏部尚书，掌管官员的选拔任命。在这样一个要害部门任职，他不谋私利，处事公允，所奖荐提拔之人都能用其所长。

当唐太宗李世民准备册封高士廉的外甥长孙无忌为司空时，他却站出来反对了。他说："我所幸能和长孙无忌一样成为陛下的姻亲。我们都已身居高官了，如果陛下再册封我的外甥、您的妻兄为司空，恐怕天下人会说您任人唯亲，不利于陛下您的名声啊！"长孙无忌也极力推让，但唐太宗还是坚持，他认为长孙无忌既有才又有功，仍然册封他为司空，并且因为高士廉的威望与才干，不久也提拔他为尚书右仆射，同中书门下三品，官居宰相。

高士廉官居宰相之职，家世又十分显赫。他的祖父、父亲都任过宰相，他的儿子高履行任过户部尚书，他的外甥任太尉，外甥女为皇后，此等满门荣耀在当时是绝无仅有的。高士廉却毫无骄意，非常谦虚谨慎，清正廉洁。他一共有六个儿子，分别取名为履行、至行、纯行、真行、审行、慎行，意即希望子孙后代能戒骄戒躁，有好的品行。

有一次，太宗率师远征朝鲜半岛，留皇太子监国，高士廉摄太子太傅，在后方负总责。每逢料理政事，高士廉与太子同坐一榻，凡事皆仔细参酌，提出建议，务必征得太子同意。他本人每有议案给太子，还在榻前恭恭敬敬地呈上。这样讲究礼节连太子也心有不安，毕竟他比太子长两辈，又是当朝元老。于是太子要给他另排一个座位，议事时直接面对宣讲即可，不必都屈尊奉对，高士廉则坚辞不允，一如既往。

高士廉当宰相的几年，正是唐朝蒸蒸日上、百姓安居乐业的时期。他主要负责朝廷的日常事务，尤其在官员的选拔任命上恪尽职守，为唐王朝的长治久安尽了自己的绵薄之力。到了贞观十六年（公元642年），高士廉便请求退休，颐享晚年。唐太宗同意了他的请求，但仍然保留他的宰相称号，以示尊重。第二年又下令将高士廉的画像列入凌烟阁永久保存。

高士廉身进而心退，这对于宦海沉浮的人来说是很难做到的事。这也是高士廉身处风口浪尖却不致被吞噬的原因。在极盛时期怀有退让之心，才能保持谨慎和冷静，才不会受制于人，全身而退。

既然物极必反是规律，我们就应该学会在极盛时期常怀退让之心，这样才能居安思危，全身而退，才能把握大势，抓住取舍时机。

## 坎坷是成功者的垫脚石

对于强者而言，磨难是最好的取舍机会。

无论是适者生存还是优胜劣汰，适应环境变化的人永远都不会被淘汰。只有克服困难，才能在竞争中永远立于不败之地。自然如此，人生亦如此。

能够在优胜劣汰的环境中生存下来的人，一定是生命的强者。他们能够克服别人不能克服的困难，最后在竞争中胜出；而那些不能适应变化的人，必定会成为时代的淘汰者。磨难可以说是强者胜利的机会，一次磨难就是帮助他们完成一次洗牌。

1873年，经济大萧条的境况不期而至。银行倒闭、证券交易所关门，各地的铁路工程支付款突然中断，现场施工戛然而止，铁矿山及煤山相继歇业，匹兹堡的炉火也熄灭了，整个钢铁业陷入了困境，钢铁公司相继倒闭。

那时候的卡内基，连他自己的公司都没有成立。就在这个艰难的时期，原先默默无闻的卡内基却断言："只有在经济萧条的年代，才能以便宜的价格买到钢铁厂的建材，工资也相应便宜。其他钢铁公司相继倒闭，向钢铁挑战的东部企业家也已鸣金收兵。这正是千载难逢的好机会，绝不可以失之交臂。"

想来想去，他打算建造一座钢铁制造厂。卡内基走进股东摩根的办公室，说出了自己的新打算："我计划进行一个百万元规模的投资，建贝亚默式5吨转炉两座、旋转炉一座，再加上亚门斯式5吨熔炉两座……"

"那么，按你的预计，工厂的生产能力会怎样呢？"摩根问道。

"如果从1875年1月开始工作的话，钢轨年产量将达到3万吨，每吨的制造成本大约69元……"卡内基兴奋地说，"这比股票投资还赢利！如果我们做的话，第一年的收益就能够收回成本！"

在卡内基的说服下，股东们终于同意发行公司债券了，虽然工程的进展比卡内基预定的时间晚。1875年，卡内基收到第一份订单，这是一份购买2000支钢轨的订单。卡内基熔炉的熊熊烈火点燃了！

卡内基没有判断错误：当时每吨钢轨的原料费是40.86美元，石灰石和燃料费是6.31美元，最后加上专利费和制成劳务费9.43美元，总成本是56.6美元。这在当时经济大危机的背景下，是一般的钢铁公司想都不敢想的成本，但卡内基却为此兴奋不已，因为这比他原先的预计还要便宜得多。

1881年，卡内基与焦炭大王佛里共同投资，组建"F·C佛里克焦炭公司"。双方达成协议，各持一半股份。同年，卡内基成立了自己的公司——卡内基公司。这个公司以卡内基自己的三家制铁公司为主体，又联合了很多小型焦炭公司。

到卡内基公司的钢铁产量已经占据全美市场份额的七成以上时，卡内基意识到自己的企业正逐步向垄断型迈进。到了1890年，卡内基兄弟一举吞并了德克仙钢铁公司，企业资产增到了2500万美元。

在没有进入钢铁行业以前，卡内基一直坚信自己可以成功，他在做每一单买卖的时候都在积累经验和资金。后来卡内基的钢铁事业一直做得很平稳，没什么大的波折，但是他抓住了别人认为是灾难的机会，并用自己的实力将这个机会用到极致。在最困难的情况下，卡内基却反常人之道，在经济大萧条的时候还大量买进。这场危机并没有吓到卡内基，他反而利用这个千载难逢的好机会使自己一举成名。

对于强者来说，磨难是最好的机会。因为恶劣的环境和激烈的竞争考验真正的强者，而那些不能坚持下去的竞争对手只会成为弱者而被淘汰。虽然强者也可能因为磨难而放慢前进的脚步，甚至可能因此而停滞或者后退，但是强者总能渡过难关，而弱者必定在磨难中消亡。

磨难正是强者打败对手的机会，所谓强者恒强，在渡过难关之后必定能够增强自己的实力。换句话说，也只有那些能经历磨难的人，才能成为真正的强者。如果害怕失败和磨难，不能把握磨难这个取舍的机会，永远也成不了一名真正的强者。

## 别让细节毁掉你的前程

巨大的变局都是在微小的变化中酝酿而成。

曾经有一本畅销书专门讲述细节对于人生成败的影响，此书之所以能得到大家的认同，原因之一就是人们对于细节的重要性深有同感。细节可以决定人生的成败，因为巨大的变局都是在微小的变化中酝酿而成的。如果我们能够洞察细微，见微知著，一定能先一步做好准备，更迅速地抓住取舍的时机。

中国历史上不乏料事如神的人，我们都熟悉的诸葛亮几乎被描述成为一个神话人物。所谓智者并不是拥有预知未来的能力，而是他们能够通过一些小的细节对整个事件作出比较准确的判断，从而能够很好地抓住时机。

对于取舍之道，并不是简单地依照个人的意愿而决定，理智的人懂得分析环境而权衡利弊，最后作出最有利于自己的决定。让我们来看一看古人是如何通过察言观色来决定取舍之道的。

齐国国君齐桓公尊贤礼士而不计私仇，在鲍叔牙的说服下，拜管仲为相国，厚其禄入，以父亲的礼节接待他。于是管仲竭尽全力辅助国君治理国家。他为齐国制定法律，减轻税收，开发山区种植粮食作物，在海边开设盐场，并操练国家的军队。几年后，齐国被治理得民富兵强。

齐桓公豁达大度，用贤不疑，对内遵守礼节，对外抗击蛮夷，在各个诸侯中树立了强大的威信，大有称霸中原的意图。然而卫国却不肯听从齐国号令，反复无常多次违约败盟。齐桓公与管仲共谋，打算攻打卫国，好让卫国服齐。

退朝后回到寝宫休息，卫姬马上跪倒在地问："陛下，为什么要攻打卫国？"齐桓公心中一惊，奇怪为什么如此机密的事这么快就被妃子知道了。卫姬说："退朝时，陛下态度威仪临人，脸上有股杀伐之气自然流露出来，但是见到臣妾，陛下就变得温和。以齐国的威望，您谁都不怕，唯独怕妾，肯定是念及卫国是我的父母之邦，于心不忍，所以臣妾以为陛下想伐卫了。"

齐桓公平日就对卫姬宠爱有加，今日更是佩服此女聪明过人。经不起美女苦苦哀求，终于放弃了伐卫的想法。

第二天上朝，正在为难怎么与管仲解释，管仲见了齐桓公却笑着说："陛下不打算攻打卫国了？"

齐桓公又是一惊："寡人还未开口，相国怎么就知道了？"管仲笑着说："今日上朝，主公抢先向臣作揖，执意让我先行，这与平日大不相同。对话之间，又吞吐含糊，我想主公一定是改变了主意，恐臣等对主公不满。不过我已经为主公想好了劝服的计策。"管仲写了一份国书，大意是让卫国懂得局势，臣服齐国。

齐桓公听完，哈哈大笑："寡人身边原来有这么多聪明的人。"卫姬能洞察细微，见微知著，想办法令齐桓公改变了主意，免除了战争的灾难。管仲也能洞察他的意思，并早已想出了计策。

卫姬察觉到齐桓公因为自己而对攻打卫国有所顾虑，于是就利用这一点事先准备好了诸多说辞，最后说服齐桓公放弃了攻打卫国的计划。她抓住了齐桓公动摇的机会，成功达到了自己的目的，而管仲察觉了齐桓公所作的决定，事先准备了另外的方案达到劝服卫国的目的。

从微小的变化中察觉事情的转变，从而能够抓住主动权。在细微的变化中发现机会的能力非常重要，这种能力来自于自己对细节的敏感，更来自于对生活和人性的深刻认识。

## 机遇为坚持不懈的人而准备

食物留给那些最晚回来的劳动者，而机会留给那些能够坚持到最后的人。

机会并不是等来的，把握机会就更不轻松。有时候把握一个机会需要付出巨大的努力。当机会出现在面前，可以前进，但是前进的道路会有阻力，这时我们需要坚持；当后退的时机成熟，就该后退，但后退的道路上会有重大的压力，这时我们更需要坚持。

那些能够坚持的人更能抓住机会。有时候不利因素表面上看起来不适合我们继续坚持，但在这时不要轻易放弃。多一分坚持，就多一次机会。

菲尔德先生工作努力，已经积攒了一大笔钱。有一天，在新闻的启发下，他想在大西洋的海底铺设一条连接欧洲和美国的电缆。对于他的这个想法，几乎所有的人都反对。可是菲尔德还是放弃了自己原来的工作，随后他就开始全身心地推动这项事业。前期基础性的工作包括建造一条 1000 英里长、从纽约到纽芬兰圣约翰的电报线路，纽芬兰 400 英里长的电报线路要从人迹罕至的森林中穿过，所以要完成这项工作不仅要建一条电报线路，还得建同样长的一条公路。此外，还包括穿越布雷顿角全岛共 440 英里长的线路，再加上铺设跨越圣劳伦斯海峡的电缆，整个工程十分浩大。

菲尔德使尽浑身解数，总算从英国政府那里得到了资助。然而，他的方案在议会上遭到了强烈的反对，在上院仅以一票之优势通过。然后，菲尔德的铺设工作就开始了。就在电缆铺设到 5 英里的时候，它突然被卷到机器里面，弄断了。

菲尔德不甘心，进行了第二次试验。这次试验中，在铺好200英里的时候，电流突然中断了。经过辛苦的维修之后，船以每小时4英里的速度缓缓航行，电缆的铺设也以每小时4英里的速度进行。这时，轮船突然发生了一次严重倾斜，制动器紧急制动，不巧又割断了电缆。

菲尔德相信事情一定会有转机。他又订购了新的电缆，还聘请了一个专家，请他设计一台更好的机器，以完成这么艰巨的铺设任务。两船分开不到3英里，电缆又断开了；接上后，两船继续航行，到了相隔8英里的时候，电流又没有了。电缆第三次接上后，铺了200英里又断开了，菲尔德的船最后不得不返回爱尔兰海岸。

参与此事的很多人都泄了气，公众舆论也对此流露出怀疑的态度，投资者更对这项目没有了信心，不愿再投资。一切似乎都在说明一个事实，这个计划是不可能实现的，但是在所有人放弃的时候，菲尔德先生还是坚持，他用他的诚意打动了新的投资人。菲尔德为此日夜操劳，甚至到了废寝忘食的地步，他坚定地认为只要不放弃，这个项目是可以实现的。

于是，又一次尝试开始了。这次总算一切顺利，全部电缆铺设完毕，而没有任何中断，几条消息也通过这条漫长的海底电缆发送了出去。一切似乎就要大功告成，但突然电流又中断了。

这时候，几乎所有人都感到绝望，连菲尔德也开始犹豫。所有的投资人都放弃了这个计划，所有的朋友都远离了他。当时菲尔德没有放弃，他四处奔波，用整整一年的时间，找遍了所有的投资人。正是他的坚持感动了投资人，在经过仔细研究之后，菲尔德又开始了原来的项目。他们买来了质量更好的电线，找来了更好的船只。船缓缓驶向大洋，一路把电缆铺设下去。一切都很顺利，但最后在铺设横跨纽芬兰60英里电缆线路时，电缆突然又折断，掉入了海底。他们打捞了几次，但都没有成功。

菲尔德在分析了失败的原因之后，并没有放弃，他又组建了一个新的公司，继续从事这项工作，而且制造出了一种性能远优于普通电缆的新型电缆。1866年新一次试验开始了，顺利接通后，发出了第一份横跨大西洋的电报。电报内容是："我们晚上9点到达目的地，一切顺利，感谢上帝！电缆都铺好了，运行完全正常。菲尔德。"现在，这条电缆线路仍然在使用，而且再用几十年也不成问题。

在菲尔德的故事里，因为坚持，他才能不顾大家的反对，不放弃他认定的事业；也是因为坚持，他感动了投资人继续投资这个艰难的项目。机会就在坚持中产生，因为坚持才能把握机会。

我们要想把握取舍的时机，就需要学会坚持。不管是进还是退，都会遭遇压力和艰险。如果被这些吓住了，该进的时候害怕，该退的时候犹豫，那么我们永远也把握不住取舍的时机。

前进的道路会有阻力，退却的道路上会有压力，而取舍的机会就在坚持之中，只有学会坚持，才能把握取舍的机会。

## 深谙取舍之法才能满载而归

敌进我退，敌驻我扰，敌疲我打，敌退我追。

敌进我退，敌退我进，其实是一种把握取舍时机的策略。著名的军事家告诉我们：在与对手较量的过程中，敌进我退、敌退我进的战术，可以帮助我们取得胜利。这样的战术在人生的旅途中一样可以帮助我们取得胜利。当环境不利于自己而利于对手的时候，就应该暂时避锋芒，以时间换取空间；等环境和条件转变，就应该及时出击，给对手出其不意的打击。

"敌进我退,敌驻我扰,敌疲我打,敌退我追"是在中国革命史和世界军事史上都有着显赫地位的游击战争"十六字诀",也是毛泽东同志在井冈山斗争实践中提出的。正是这样的游击战术为革命胜利奠定了坚实的基础。

清末民初至革命根据地建立前,驻湖南的粤军连长朱孔阳因不满上司克扣军饷,曾率部进入到井冈山做起了"山大王",成为井冈山有名的一支绿林武装。

为对付官军的进剿,朱孔阳利用熟悉地形环境等有利条件,机动灵活地在莽莽群山中与官军周旋,使官军疲于奔命,对他奈何不得。他有一句对付围剿的名言:"不需能打仗,只要会打圈。"寥寥数语,蕴藏着极其朴素的游击战术道理。

井冈山根据地初创时期,敌强我弱,四面白色恐怖。为了战胜强敌,扩大并巩固革命根据地,红军迫切需要制定一套适合对敌作战的战略战术。为此,兼收并蓄的毛泽东注意从过去井冈山绿林武装的游击战术中吸取营养,学其优势,为我所用。1927年12月,他对攻打茶陵的部队说:"战无常法,要善于根据敌我情况,在消灭敌人、保存自己的原则下,抛掉旧的一套,来个战术思想的大转变。"

他还告诉大家:"从前,井冈山有个'山大王',叫朱聋子(朱孔阳绰号),和官兵打了多年交道,总结的'打圈圈'是个好经验。打圈是为了避实击虚,歼灭敌人,使根据地不断巩固扩大。"大家频频点头。"总之,打得赢就打,打不赢就走,赚钱就来,蚀本不干,这就是我们的战术原则。"

1928年5月,朱毛两军会师后,湘赣两省敌军向井冈山发动了第一次联合"会剿"。红四军主力采取集中优势兵力,歼敌一路的作战方针,南下黄坳,直奔五斗江,迂回拿山,第一次攻克永新县城。几天后,毛泽东召开干部会议,会上他广引古今中外战例,结合红军这次战法,再次谈到了战术问题,并首次正式提出了"十六字诀"。他说:"白军强大,红军弱小,我们以弱斗强,只能采用游击战术。什么叫游击战术?简单地说,就是'敌进我退,敌驻我扰,敌疲我打,敌退我追'。"从此,"十六字诀"成为红军克敌制胜的法宝,载入了中国革命的光辉史册。

这种灵活的战术帮助我们取得了革命战争的胜利,它包含着伟大的东方智慧。当我们面对强大的敌人,或者势均力敌的时候,就可以采取敌进我退、敌退我进的战术,控制局势的发展,掌握主动权。敌进我退、敌退我进的战术可以帮助我们争取更多的空间和机会。

还有一例,汤姆上完课后,搭上了停在门口的一辆出租车。平时似乎很少能这么顺利打到出租车,上车之后汤姆就和司机聊了起来。

"你是上课的吧?"刚一上车,出租车司机便问汤姆。

"你怎么知道的?"汤姆有些吃惊。

出租车司机笑着回答:"我经常在这一带活动,我知道肯定有同学需要打车,我还知道你们还有不少外地同学今天都要回去。"

看得出,这位司机很会做生意。汤姆兴致勃勃地跟他聊上了。"拉你到奥运村那边,不亚于我跑一趟机场。别的司机都愿意去机场,我跟一般人不一样,我不愿意去机场。"

"为什么?"汤姆好奇地问了起来。

"机场比较麻烦,排队太耽误时间,有时甚至要6个小时,与其在机场耗着,还不如在市区跑呢。这个账我算得很清楚,所以超过一个半小时,我就撤了。此外,我还知道在什么时候什么地方车比较多,我就不去那个地方了。"

这个司机的确有点与众不同。"那你在一些宾馆之类的公共场所等人吗？""上次我排队一个多小时，拉了一个 17 元的活。我前面的人不愿拉，我就去了。这没什么不好，时间也是钱，只要活多，短程更划算，三公里之内每公里 3 元，三公里之外每公里只有 2 元。"

"我出车时间跟别人不一样。我中午一点吃饱睡好之后才出车，晚上一点左右回去。这样就避开了早上上班高峰，中午也不困。其他司机吃午饭找地儿午休，我拉客人。其实中午的客人并不少，好多午饭后出去办事的。"

他接着说："晚上下班又是打的高峰，很多司机舍不得休息。实际上也是塞车高峰，我就吃晚饭休息，等下班高峰过了再出车，夜生活开始，活也多起来了。这就是敌进我退，敌退我进。"

汤姆没有想到一个出租车司机都能有这样的高论，短短的一段对话让汤姆受益匪浅。让我们仔细想想，很多事情是可以变通的，如果能够采取变通的方法，也许可以把事情做得更好。就像那位出租车司机避开了高峰期，就能轻松赚到更多的钱。

"敌进我退，敌退我进"就可以掌握主动，"敌退"的时候就是"我进"的时候，一方面我们可以攻其不备，另一方面又可以抓住没有被人注意的机会，这就是成功的奥妙。

## 从细节中发现商机

取舍的时机有时候并不会那么明显，而我们需要多花一点心思。

人与事都是由许多细节构成的，小就是大，大就是小，它们是完整的统一体，辩证地看它们才不会失之片面，而在一些小事上动一点心思，就可能把握时机。一则新闻或者一段闲谈，都可能成为我们取舍的契机。只有心思缜密的人才能把握这样的时机。

为了完成丈夫的学业,顾小兰和丈夫来到西班牙的马德里。没想到丈夫跟一个富商的女儿悄悄走了。伤心痛哭之后,她不得不独自去面对在异乡的艰难生活。她没有学历,也没有什么技术,生存谈何容易?

西班牙是个足球的国度,马德里是球迷的天堂。这里有世界上著名的球队,皇家马德里队当时拥有着5名世界级的顶尖球星。来这里看球、旅游的人不计其数,顾小兰决定拿出所有积蓄开一家小店,卖些足球、球衣之类的小物件。

这样的小店在马德里城有无数家,小店经营得并不顺利,要维持生计都成了很大的问题。怎样才能让自己的小店维持下去?一个偶然的机会,让这位独处异国的女子看到了机会。有一次,几个外国游客到处询问有没有卡洛斯签名的足球,如果有,游客愿意高价购买。看着顾客失望离去,顾小兰意识到这是一个巨大的商机。原本不喜欢足球的她开始到处打听卡洛斯的消息,比任何一个球迷都要热情。经过一番努力,终于打听到了卡洛斯常去的酒吧,于是顾小兰一有时间就在那个酒吧等待球星的出现。

晚上8点的时候,卡洛斯从汽车里出来,他的身边始终跟着两个威猛的保镖。顾小兰马上迎上去请求签名。像对待所有热情的球迷一样,卡洛斯为她签上了自己的名字。就是这个足球,刚摆上柜台就有好几个人过来争着要买这个球。原本15欧元的球,最后以703欧元成交了。

接下来顾小兰有了一个大胆的想法,她要经营一个专门出售明星签名纪念品的公司。要让自己的公司在竞争中取胜,就得有不同寻常的创意。在第一次成功的基础之上,她想出了请皇家马德里5位巨星共同签名足球的计划。

这个计划执行起来并不那么容易，这5个明星平时根本不在一起出现，而唯一可能同时出现的就是在比赛场上，但这时找他们签名几乎是不可能的。顾小兰又在酒吧等待明星出现，这一天她看到了齐达内和劳尔同时出现，本以为这次机会一定能抓住，可是在保镖的保护下，却怎么也靠近不了两位明星。

顾小兰明白原来的办法这次已经行不通了。她苦思冥想，决定冒一次险。她找来了服务生衣服穿上，假扮成服务生在厨房用蜇皮和黄瓜做了一道中国菜。她把这道海蜇皮拌黄瓜紧张地端到了卡洛斯等人的跟前。明星们非常奇怪怎么会有这样的美味小吃。顾小兰赶紧上前不失时机地介绍了自己，并向他们介绍这是中国小菜。如果球星们想品尝其他美味小吃，她愿意专门为他们做。只要有时间，他们就可以一起来她的公司尝鲜，3人爽快答应。

3个月过去了，似乎没有了结果。顾小兰没有放弃，她主动出击，连续一个星期都端着蜇皮拌黄瓜这个小菜，等在明星经常出现的地方。终于在不懈的努力之下，顾小兰接到一个电话，电话那头的卡洛斯说要再次品尝美味的中国菜。在卡洛斯的带领下，其他5名球星一起来到了顾小兰家。走下球场的球星谈笑风生，幽默诙谐。

顾小兰觉得时机成熟，于是在闲谈之中说出了自己的商业计划。球星们为她的坚强所感动，表示全力支持她的事业，5位明星同时在50个足球上签上了自己的名字。

这个消息在马德里很快传开了，前来买球的人踏破了门槛。这些球都成了宝贝，仅仅4天后，每个球的价格高到5万欧元，而一些有钱的球迷更开出了10万甚至20万欧元的天价。当球销售一空的时候，顾小兰奇迹般地成为百万富翁。

正是因为顾小兰花了心思，才能第一次得到球星签名的足球；正是因为细心，她才能找到球星出现的酒吧；也因为细心，才能投球星所好，最后打动球星支持自己的计划。取舍的时机并不会自动出现，我们必须打起精神，睁大眼睛，开动脑筋地等待和发觉它们。

很多商业上的成功来自于创新。成功者之所以能够把握机会，就是因为他们能够从另一个角度创新地看待问题，而正是这样的能力帮助他们把握取舍的时机。我们常常羡慕那些能够抓住机会的成功人士，感叹为什么当时自己就没有想到。其实这并不是智力上的差距，而是自己肯不肯多动一点心思的问题。取舍的时机很多时候就隐藏在细微之中，只要多花一点心思我们就能把握。

## 持乐观的心态进行取舍

一个积极乐观的人能看到更多的机会，不管是进还是退，都能保持冷静理智。

有研究证明，积极乐观的人比消极悲观的人更容易成功。究其原因，就是因为心态积极的人总能看到事情良好的一面，他们能够更好地与人相处，且依靠自己的努力让事情向着好的方向发展。

在取舍的过程中，如果过于悲观，在进的时候考虑的都是困难，而放弃了原先可以把握的机会；而在该退的时候，考虑到的都是自己的损失，放大了自己的痛苦，这样就很难作出正确决断，结果越拖问题越严重，损失反而越大。

英国作家萨克雷说："生活好比一面镜子，你对它哭，它对你哭；你对它笑，它也对你笑。"那些能够乐观面对生活的人，可以看到更多的机会，在退的过程中也一样可以看到希望。悲观的人就相反，他们往往是自己把情况估计得太坏，结果情况真得越来越坏。

一位铁路工人，意外地被锁在一个冷冻车厢里。这位工人清楚地意识到：他是在冷冻车厢里，如果出不去，就会冻死。不到20小时，冷冻车厢打开了，那位工人死了。医生证实是冻死的。可是仔细检查了车厢，冷气开关并没有打开。那位工人确实死了，因为他确信，在冷冻的情况下是不能活命的。所以，在极端的情况下，极度悲观会导致人死亡。

悲观可以毁了一个人生存的意志，更不要说什么取舍时机。保持乐观的人才能有退有进。在遇到困难和挫折的时候才能勇敢面对，在失败中吸取教训，在绝路中看到希望。这样才能克服困难，最后从失败中重新站起来。钟爱东从一名普通的下岗女工成长为身价千万的养殖大王。不惑之年的钟爱东仍然勤劳淳朴。事业几经起落，她说："乐观地面对生活，没有过不去的坎儿。"

1997年1月1日是钟爱东不能忘却的日子。这一天，本以为捧上"铁饭碗"的她下岗了。在这家工厂工作了近20年，她还成了厂里的"一把手"。钟爱东说，她把全部的心血、最好的青春年华，都给了工厂，甚至没有时间照顾年幼的孩子。"当时觉得，心里有什么东西被人硬掰了下来。"钟爱东说。那天，她哭了。

下岗后，她接到的第一个电话，是花都区妇联打来的。她说，就是这个电话，在她最艰难的时候教会她"用笑容去迎接困难"。钟爱东在当厂长的时候就经常与周围的农民接触，知道养殖水产有赚头。看准了这一点，她拿出仅有的2000元"箱底钱"，又东奔西走借了些款，一咬牙承包了200亩低洼田。资金不够，就赚一分投入一分，滚动式周转。几年下来，天天"泡"鱼塘、搞技术，200亩低洼田变成了水产养殖地。钟爱东说："那时鱼塘就是全部的生活了。"她每天早上都要花一个小时绕池塘走上一圈。

钟爱东没想到，生活中的第二次打击来得这么快。1997年5月8日，是钟爱东伤心的日子。那一天，一场大洪水淹没了她刚刚兴旺的鱼塘。站在堤坝上,看着不断上涨的洪水一点点吞没了鱼塘,钟爱东绝望地回了家。"从哪里跌倒就从哪里爬起来,"钟爱东说,"这是当时丈夫说的唯一的话。"倔强的她这次没有流泪,她开始带着工人挖塘、养苗,引进新技术、新鱼种,被洪水淹没的鱼塘一点点"回来"了。

钟爱东成了远近闻名的"鱼王",鱼塘越做越大,还办起了企业。多年的艰难经营,"养鱼为生"的钟爱东对技术情有独钟:一个没有创新、没有新产品的企业,就像脱水的鱼。屡经磨难,钟爱东说,最重要的是要学会乐观看待取舍,"下岗、失败都不用怕,路是自己走出来的,认定目标乐观面对,一定会成功"。取舍是如何面对、如何权衡的问题。一个积极乐观的人能看到更多的机会,不管是进还是退,都能保持冷静理智。乐观的人更懂得进取,因为他们愿意为目标付出更多的努力;乐观人的更懂得放弃,因为他们知道只有放弃才能得到自己真正想要的东西。反之,该进的时候犹豫,该退的时候害怕,又怎么能把握进与退的时机?

## 为"狼子野心"平反

喷泉的高度不会超过它的源头,一个人的成就绝不会超过自己的野心。

"野心"就是一种强烈的欲望,一个人是否具有做成某件事情的"野心",决定了他最终能不能做成此事。进一步说,任何事情在操作过程中往往是要打折扣的,所以做事就必须要有点"野心",这是成功的一个重要前提。取舍都需要有点"野心",野心会产生强大的精神力量和旺盛的斗志,就会有克服困难的勇气,就能够充分挖掘生命的潜力。

拥有野心的人才可以"得寸进尺",才可"以退为进"。戴高乐说过,眼睛所看到的地方,就是你会达到的地方。这正如跳高运动员,他们目光注视的地方,肯定是横杆之上的地方,所以才激励他们不断征服新的高度。同样,很多伟人之所以伟大,就是因为他们从小具有要做出伟大的事情的"野心"。

类似例子还有很多。英国历史上第一个盲人教育大臣戴维,在幼儿园时的梦想就是要当一个教育大臣。他刻苦学习,始终把这个野心埋藏在自己心里,时常提醒自己,最终梦想变成了现实。他给世人的忠告就是:只要有"野心",加上不断的努力,你就能够梦想成真。

拿破仑个子矮小,貌不惊人,没有显赫的家世,也没受过良好的教育,青年时代穷困潦倒,往往整日饥肠辘辘,不得不挖空心思为了赚一顿饭钱,但他后来却将整个欧洲搅得天翻地覆。他参加的战争、获得的胜利、进军的行程、征服的土地、杀戮的人数、进行的改革,比历史上任何人(包括亚历山大大帝及成吉思汗)都多。这一切,都源于他那比天还大的"野心"。

一个人有点"野心"并没有错,而且做任何事情还必须有点"野心",因为"野心"是成就事业的最有力的保证。就像那句名言所说:不想当将军的士兵不是好士兵!"野心"其实就是雄心,就是理想,就是奋斗目标。

如果没有"野心",就会胸无大志,就会在随波逐流中找不着北,就会在麻将、电视、闲聊中浪费生命,最终碌碌一生毫无作为。美国总统林肯认为:"喷泉的高度不会超过它的源头,一个人的成就绝不会超过自己的理想。"想让自己的成就更大一点,首先就得让自己的"野心"更大一点。

唐太宗贞观年间,长安城西的一家磨坊里,有一匹马和一头驴子。它们是好朋友,马在外面拉东西,驴子在屋里推磨。贞观三年,这匹马被玄奘大师选中,出发经西域前往印度取经。

17年后,这匹马重到磨坊会见驴子朋友。驴子感慨地说:"老兄,你做成了这么大的一件事情,真了不起,我是连想都不敢想啊!"老马说:"老弟,其实我们走的距离是差不多的。不同的是,我同玄奘大师有一个'野心',就是无论如何也要完成取经的任务,所以能够锲而不舍、百折不挠地前进,最终完成了这千秋伟业。而你呢?没有做事的'野心',整天就知道围着磨盘打转,怎么能做成大事呢?"

一个没有野心的人,根本就不会去考虑取舍的问题。他只会任由别人摆布,而不知道根据所处的环境主动决定自己是进还是退。他只会安于现状,当现状改变之后也只会逆来顺受,最后这样的人一定会被淘汰。

"野心"帮助我们确定目标,有了野心之后,才可以有进有退。取舍在有了目标之后才能成为一种策略,而不是环境所迫的无奈选择。成功不易,取舍更不易,而一旦有了野心,就多了一次成功的机会。进是为了实现目标,而退也是为了实现目标,有野心的人显得更加从容豁达,他们能看到更多机会。

一个人是否具有做成某件事情的"野心",决定了他最终能不能做成这事情。

## 总结失败教训,咸鱼大翻身

世事如棋,胜负难料。最终胜出的,必然是那个勇于言败的人。

一个人在春风得意之时,一般很难看到自身的不足和弱点,而这些不足和弱点往往会让人错失取舍的时机。当失败之后,我们才会反省,同时也会更清醒地认识现实。所以,我们不妨这样认为，失败是令人清醒的催熟剂，是一笔难得的财富。在失败中我们可以找到取舍的时机。

拥有失败的经验，就可以更好地避免下次犯同样的错误。失败和错误有时是最大的优势，因为从中会学到更多，也能更清醒地看待自身的优势和劣势。取舍的过程就是不断弥补自己不足的过程，只有看清了自己的不足，才能把握机会。

某著名大公司招聘职业经理人。一个应聘者这样自我介绍："我虽然只是本科毕业，只有中级职称，可是我却有着10年的工作经验，特别是我有着多次失败的经历。我任职过的12家公司，都先后倒闭了，我努力挽救这些公司也都失败了，但是我因此了解了失败的每一个细节，并从失败中学到了许多东西。成功的经验大抵相似，容易模仿，而失败的原因各有不同。用10年学习成功经验，不如用同样的时间经历失败，从中所学的东西更多、更深刻。很多人知道如何成功，而我更有经验避免错误与失败，这就是我最大的优势。"

结果这个应聘者当场被老板录用了。老板看重的就是这位经理能够帮助企业把握机会，因为他能看到自己的不足，更能看到企业的不足。如果不能看到自己的劣势，盲目行事只会一败再败。

有个被人称为"渔王"的渔人，有着一流的捕鱼技术，虽然他手把手地教他的三个儿子织网、下网、识潮汐、辨鱼汛，但三个儿子的渔技还是很平庸。"渔王"为此百思不解，而且非常苦恼。

后来，一个老人问他："你一直手把手地教他们吗？""是的，为了让他们得到一流的捕鱼技术，为了让他们少走弯路，我一直让他们跟着我学，而且教得很仔细很耐心。"老人说："你的错误就在这里，你只传授给了他们技术，而不让他们去经历失败的教训。要知道，没有教训与没有经验一样，都不能使人成大器的！"

做事与捕鱼一样,有了失败的经历之后,取舍才能自如。比如我们在推进一个商业项目的时候,虽然尝试了很多办法也没有头绪,但每一个思路的失败,都证明这个思路是错的,我们就会从另外一个思路重新推进。可以这样说,失败的次数越多,离找到正确的思路就越近了。

此外,失败还可以锻炼我们的意志,为我们培育坚韧、耐心、信念等成功的基因,最后将失败转变为成功。这种成功带来的自信心、满足感和成就感就更为强烈。所以,失败不仅仅是成功之母,更是一笔难得的财富。

战场上有败仗,比赛中有败绩,下象棋有败招,写文章有败笔……人生如旅,世事如云,失败就这样不紧不慢、若即若离地伴随着我们。不要忽视失败,更不应该长久地为失败而伤神悲痛,因为失败其实是在启迪我们取舍的时机。

失败是一回事,从失败看到取舍的时机又是另一回事。失败是事实,从失败中把握取舍的时机就需要智慧和勇气。如果因为局势所迫而败下阵来,可能是该退的时候;而因为自身能力不足和不够努力而失败的话,那就会失去从失败中站起来的机会。因为这次失败已经明白地告诉自己在何处还不够强。

两位顶尖高手切磋剑法,三天三夜不分高下。刀光剑影,高招迭出,最后双双纵身跃出,同时抱拳称败。谁是武林第一,成为江湖千古之谜。两位高手都是胜者,他们的胜利不仅是看到了对方的破绽,更找到了自己的败招。这一破一败,足以致对方于死地,可是他们都没有这么做。在几千个回合的较量中,他们悟出了胜利的最高境界:勇于言败。

勇于言败,首先已经战胜了自己,得失之心、荣辱之虑、取舍之患、沉浮之忧轻轻放下。世界上没有任何力量能够彻底打垮一个战胜了自己的人。人生道路上每前进一步,都可能栽跟头、碰钉子、遭不测,而每一次挫折,都在启迪着我们:不怕输,才有赢的机会;不怕败,才有胜的希望。

# 第四章
## 以攻为守：努力进取才是硬道理

> 成功需要勇气，积极进取勇往直前。不退缩、不妥协、不回头，这正是每个渴望成功人士必须具备的精神特质。面对困难我们需要有必胜的信念和勇气，以大无畏的气概披荆斩棘、奋力前行，这时绝路中会有出路，那就是自己杀出的一条"血路"。面对取舍的选择，我们同样需要勇气。

### 百折不挠创造人生奇迹

不断挑战、不断进取才能攀登人生的高峰。

人的一生是一个漫长的旅途，只有矢志不渝、积极进取才能达到目标。如果目光短浅，只看到眼前的利益，注定不会走远。让我们来看看董建华是如何让自己成为新一代的船王的。

董建华是船王董浩云的大儿子。董浩云从小就教育他：看到大海，需要思考的是如何利用海洋来成就自己的大事业。董建华1937年5月出生于上海，后随父母移居香港，这时的董建华年仅11岁。年少的董建华并没有因为显赫的家族而过上舒适安逸的少爷生活。相反，董浩云把他送进了寄宿学校。

学校的教学全部用粤语，而在上海长大的董建华一句粤语也不会，学校的同学们又听不懂他的上海话，便常常取笑他。董建华没有逃避,他主动与同学交谈,一字一句地用心学习粤语,没过多久,好强的他很快就克服了语言障碍。

16岁的董建华在香港念完了中学。刚刚习惯香港生活没有多久的董建华又面对新的挑战。董浩云决定把他送去英国读书,并且有点无情地规定:上大学之前不能回香港。

当时他的英语基础几乎是零,连简单的日常用语都不会说,去英国连生存都成问题,但董建华没有丝毫犹豫,别人眼里天大的苦难,在他眼里却只不过是个语言游戏。就跟当初学习粤语一样,董建华硬着头皮与英国同学多接触、多交谈。

一年时间,经过不懈的努力,他就完全适应了新的环境,其间他没有回过香港一次,为了上大学的目标在一步步地努力。后来董建华考入了英国著名的利物浦大学。

董建华年少时良好的教育养成了他不断进取的坚强意志。在接受记者采访时他回忆说:"父亲的做法很厉害。没有当时的那段经历,我不可能为了一个目标坚定不移地走下去。"董建华并没有任何夸张,而后开始的职业生涯中也一直在为自己的目标而努力,不断进取最后成就了一番事业。

在父亲董浩云的教导下,那时的董建华已经立志要成功把父亲的事业发扬光大。他把全部心思都用在学习上。他知道除了学习优秀以外,他更需要的是生活的历练。

在大学期间,董建华没有和其他留学欧洲的富家公子比吃比穿。他生活简朴,到了暑期,还要到餐厅服务,去煤气公司铲煤。他这么做并不是为了钱,而是为了从多方面接受现实生活的磨炼。

大学毕业后,董建华没有继续深造,也没有来到父亲的公司担当重要职位。董建华作出了一个让很多香港人都出乎意料的决定:到美国通用汽车公司打工,而且是一名最普通的基层职员。

## 第四章
### 以攻为守：努力进取才是硬道理

他在美国勤奋苦干，一干就是四年。即使后来加入父亲创立的航运事业，董建华也不是一开始就身居要职，而是主动要求去驻纽约的分公司工作，为的是锻炼其独立的处事能力并与国外客户建立业务关系，这一干又是四年。

1969年，董建华在经历了多年的风雨磨砺后，踌躇满志地回到香港，正式进入了董氏家族的核心领导层。董建华引入通用公司先进的管理方式和管理思想，对公司进行改革，将原来庞杂的公司业务逐渐纳入规范化的轨道。董建华又运用在国外拓展的业务关系，帮助父亲打开了欧美货运航线的局面。同时拓展了董氏集团在金融等其他行业的业务，使其真正成为一个横跨多个行业的巨型集团。

可以说，在董建华回港期间，董氏集团的发展最为迅速。因为这么多年的历练，再加上本来就雄厚的资本，董氏家族的事业走上了一个前所未有的巅峰。就是在那个时候，董建华跻身世界七大船王，董氏家族雄踞全亚洲市场。

因为拥有了不断进取的心态，董建华可以在任何挑战面前发挥刻苦精神，在艰苦的环境中不断磨炼自己的意志。他勇于接受生活的挑战，一次又一次地为难自己，使得自己能够得到更好的锻炼。这为他将来开创自己的事业打下坚实的基础。如果他没有不断进取的志向，就不可能拥有坚强的意志，更不可能克服成长路上的艰难，也就不能使自己强大。

人生就是不断超越自我的旅途。只有志存高远的人才能不断进取，不畏艰难，创造一个又一个生命奇迹。以攻为守的人生是不断获取的人生，也是人生的主旋律。

## 先发制人，占领先机

兵行险招，以攻为守让对手疲于应付，这让弱者有了胜出的机会。

很多人都喜欢观看对抗性强的体育比赛，散打比赛就是最好的例子。在讲解员分析散打动作和防守技术的时候，我们经常能听到一句非常经典的话："进攻是最好的防守，若要对方打不到你，你就要积极主动地进攻。"因为在散打实战时，一方积极主动地进攻，不停地出招，必然会降低对方的进攻频率，迫使对方保持防守或撤退的态势，而自己受对方进攻威胁的可能性就会降至最低。

人生奋斗，与散打实战同理。奋斗的过程中，必然会遇到重重困厄，人与困厄互为对手，互为攻守。当你与命运中的困厄相互对峙的时候，请千万记住：进攻是最好的防守。在不断进攻中，增强自己的实力。

美国著名芯片制造商英特尔公司一位副总裁曾经说过，要想占领市场就需要不断向对手发起挑战，甚至以淘汰自己为代价也在所不惜。谁要想在激烈的市场竞争中占据主导地位，就必须先于对手否定自己，率先开发出新一代产品。

1995年，正当486芯片主导微处理器市场之际，英特尔公司却放弃了486市场，转而全力研制开发奔腾芯片。在外部乃至内部的诸多不解和怀疑中，英特尔公司又一次先于对手成功抢占了芯片市场的"制高点"。以这样的战略思想为指导，英特尔公司总比竞争对手们抢先一步生产出速度更快、体积更小的微处理器，这也让英特尔成了电脑芯片的绝对领袖。

美国吉列公司的产品能独霸市场几十年，凭借的不是别的，正是不断先于对手推出高科技的剃须刀。其每一个新产品的推出，都是对前期产品的突破。吉列以对手不能超越的速度更新自己原有的产品,它永远引领着行业的风潮,成为对手模仿和追赶的对象。

企业的竞争需要不断向对手发起进攻,而在我们的生活和工作中,以攻为守就可以占据主动。面对问题的时候,如果条件允许,不如早一步发起攻击,这样就占据了胜利的先机。

有一家公司,A 部门业务量大,涉及面广,部门经理亦雄心勃勃,试图吞并弱小的 B 部门,为壮大本部门人员力量和扩充势力范围打下基础,并准备在一次高层会议上抛出吞并 B 部门的方案。此计划被 B 部门经理获知,B 部门经理想到的不是如何防守,而是以攻为守。

结果在高层会议上,B 部门经理抢先发言,说如果把 A 部门并入自己的部门,对公司将大有帮助等。当然公司领导层认为 B 部门较为弱小,此建议不值采纳。轮到 A 部门经理发言时,他不敢再提吞并 B 部门的事,否则将被认为有意报复、无理取闹。B 部门经理就达到了目的。

我们处在追求"快速"的时代,做任何事都讲究效率,慢吞吞的人很难适应竞争,所以先于对手发起进攻才能占据先机。行事有效率当然很好,这是一种"进"的策略。在追求效率和速度之时,也要能静下心来,仔细规划、考虑,才能避免受"马虎"之害。选择主动,选择进攻,唯有进攻,才能占领有利地势,才能形成气势,才能爆发力量。与其被动防守,不如主动攻击。

## 置之死地而后生

破釜沉舟才能战胜心中的恐惧,才能义无反顾,勇往直前。

当事情没有退路的时候,反而可能激发出强大的斗志,全力以赴冲出困境。没有退路就像是到了悬崖边,只可以选择一个方向前进；就像一支没有退路的军队，除了全力以赴投入战斗，别无选择。

狭路相逢勇者胜。没有人能够随随便便成功，只有那些充满勇气，付出巨大努力的人才能赢得胜利。人的本性中都有趋利避害的成分，面对困难总会有逃避的幻想，这样就会患得患失，最后成了人生的失败者。当我们面对悬崖的时候，逃避和幻想就不再存在，因为环境逼迫你一往无前。

一个乡下老人在山里打柴，捉到了一只模样奇怪的小鸟。老人也不知道这叫什么鸟，那只怪鸟和出生刚满月的小鸡一样大小。也许是因为它实在太小，它还不会飞。老人把这只鸟带回了家，让它陪孙子玩。

顽皮的孙子还把怪鸟放在鸡窝里饲养，母鸡竟然没有发现这个异类，成为怪鸟的母亲。怪鸟一天天长大了，有人说它是一只应该翱翔在天空的雄鹰，会吃掉鸡窝里所有的鸡。然而鹰和小鸡们一直相安无事。

村子里的人对它还是越来越担心，如果哪家的鸡不见了，总怀疑这只鹰，要知道鹰生来就是会吃小鸡的。于是老人决定把这只鹰放回大自然。然而老人不知道用了多少方法，这只鹰还是没能飞向天空。这只鹰已经忘记了如何飞翔，它习惯了这个从小到大的环境，不知道如何去面对空中的气流，不知道如何控制自己的平衡。

村里的另外一个老人找到养鹰的老农："把鹰交给我，我能让它重返蓝天，永远不再回来。"老人将鹰带到了一个悬崖边，毫不犹豫地将它狠狠地扔下悬崖，如同扔一块石头。那只鹰快速下坠，快要坠到谷底的时候，它闭上眼睛，张开了健硕的翅膀，扑打着自由舒展地飞向蓝天。它越飞越高，渐渐地变成了一个黑点，飞出了老人的视野。鹰这次真的沿着悬崖飞走了，飞回了属于自己的天空。

面对悬崖才能战胜心中的恐惧，义无反顾。面对悬崖，唯有展开自己的翅膀搏击长空才是生路。在我们面对命运的磨难和挫折的时候，就应该断了犹豫后退的思想。这样才能战胜困难，渡过难关。

美国著名的主持人爱德华·穆罗先生曾经向记者说过，他在播音之前，面对麦克风总是紧张得满头大汗。对于一名新闻播音员来说，过度的紧张肯定会影响自己的表现，战胜紧张成了他首先要克服的困难。

可是不管他怎么熟练地练习，也无法克服恐惧和紧张，即使经过无数次的排练，他还是一样紧张。他在电视台的朋友只能给他安排一些事先录制的节目，但是他还是会因为紧张犯一些错误。他几乎已经在考虑自己是否真的适合这个职业。

这样的情况因为一次意外而改变了。当时的新闻主播意外出了车祸，而新闻播报的时间马上就要到了。情急之下制片人就找到了在隔壁录节目的爱德华，把他拉到了新闻播报室。

爱德华脑子一片空白，在导播倒数的时候，他几乎都崩溃了，没有人能想象他的紧张。爱德华明白他面对的是美国电视机前的观众，自己的错误会成为大家的笑谈。一切都不能改变，只有硬着头皮好好表现。

播音开始，爱德华没有想太多，只是认真地播报每一条新闻。他之前的所有恐惧都烟消云散。大家没有想到爱德华立刻进入状态，并解除了所有的紧张、恐怖与不安。虽然有了克服困难的经验，爱德华还是一样会紧张，但是他却可以在直播开始的时候完全克服恐惧和紧张。

给自己一片悬崖，就是给自己画了一条出路，这是一条只进无退的出路。一个人想要成功，就得在适当的时候给自己一个悬崖。悬崖一端是死路，别忘记另一端就是宽广而蔚蓝的天空。破釜沉舟就是让自己站在悬崖边上，就能爆发出自己都不曾见识的潜能。

狭路相逢勇者胜，这是一条只进无退的出路。在我们面对命运的磨难和挫折的时候，就应该断了自己犹豫后退的思想，这样才能战胜困难，渡过难关。

## 出其不意，以少胜多

主动出击，常常可以出其不意，摆脱困境。

强大的对手发起猛烈攻击的时候，若采取被动防守的战略，或者按部就班地战斗，常常会溃不成军并因此付出沉重的代价。而出其不意、攻其不备，可能会获得以弱胜强的结果。出其不意是占据进攻的时机，也占据了胜利的先机。

出其不意可以变被动作战为主动出击。这就可以把自己的弱势掩盖在主动攻击的背后，不易被人察觉。在敌强我弱、敌优我劣的形势下，弱势者如果能够集中兵力，采取主动出击或突然袭击的方式打击敌人，常常可以出其不意，摆脱困境。

宋政和三年、辽天庆三年（公元 1113 年），乌古乃的孙子完颜阿骨打做了酋长，他就是后来金王朝的创立者。阿骨打参与对女真各部的战争，屡有战绩，继任联盟长。他领导女真人民，为了摆脱辽国的奴役，积极修建城堡，训练兵马，联合全女真及其他部落，准备发动抗辽斗争。

第二年，他出兵攻打辽国，其军队只有 2500 人，出其不意的进攻使得辽军溃不成军，于是首战告捷，攻下了宁江州（今吉林省扶余县东南）。辽天祚帝听说宁江州因为区区 2500 人而失陷，

# 第四章
## 以攻为守：努力进取才是硬道理

勃然大怒，决定派10万大军进攻完颜阿骨打。

面对异常强大的敌人，阿骨打带领算上俘虏在内的仅有的3700人奋勇抵抗。双方在出河店相遇，这时候，突然刮起大风，吹得尘沙弥漫。就在漫天飞沙的时候，阿骨打利用这个机会，带领士兵猛冲过去，辽军不知女真军究竟来了多少，还没等交战，就纷纷逃跑。阿骨打的将士们越战越勇，而辽军完全乱了阵脚，逃跑中误伤无数，毫无战斗力可言。就这样阿骨打的女真军取得了这次战役的胜利。

强大的对手很可能外强中干，虽然表面上强弱悬殊，但只要能够集中自己的战斗力，以最强的一击攻打迎面而来的敌人，往往能够扭转局面。另一方面，强大的敌手往往可能骄傲自大，抓住对方的轻敌思想，以攻为守往往能够取得成效。

宋太祖花了13年工夫，灭了南方五国，接着就出兵攻打北汉都城太原。北汉请辽国出兵援助，宋军吃了败仗。不久，宋太祖也得病死去，他的弟弟赵匡义继承皇位，这就是宋太宗。

宋太宗决心完成统一北方的事业，公元979年，他亲自率领四路大军围攻北汉都城太原。辽军又来援助，宋太宗派兵截断援兵要道。太原城在宋军重重包围之中，外无援兵，内无粮草。北汉国主刘继元没法，只好投降。刘继元手下有一名老将杨业，也归附宋朝。宋太宗早就听说杨业武艺高强，十分器重他，任命他做大将。

杨业是北宋时期人们十分熟悉的金刀老令公，有人送他一个美号，号称"无敌将军"。宋太宗派杨业守卫边关。

公元980年3月，辽景宗发兵10万，直向雁门关扑来。雁门关在代州的北面，杨业知道如果雁门关一丢，代州肯定保不住。他说："敌人10万大军，而我们才几千人马，硬拼是不行的，我们应用计谋取胜。"

天黑了,杨业就把大部分人马留在代州,自己带领几百名骑兵,悄悄地从小路绕到雁门关北面的敌人后方。辽兵向南进军,一路上没遇到抵抗,正在得意。忽然,后面响起一片喊杀声,只见烟尘滚滚,一支骑兵从背后杀来,像猛虎冲进羊群一样,乱砍猛杀。辽兵毫无防备,又弄不清后面来了多少人马,个个心惊胆战,阵容大乱,哪儿还抵挡得了,纷纷向北逃窜。杨业带兵追赶上去,杀伤大批辽兵,还杀死了一名辽朝贵族、活捉了一员辽将。宋兵边冲边喊,辽兵一个个听到喊杀声,只顾自己逃命。杨业没费多少人马,就取得了重大胜利。

面对强大的对手,消极防守往往只会让自己陷入被动挨打的地步。对手的实力不会因为我们防守而减弱,而在防守中,自己的弱势反而越来越明显。面对巨大的困难,恐惧害怕不能改变局势,情况反而越来越不利于自己。这时不如主动出击。只有主动出击才能争取主动,以攻为守是弱者自强的不二法则。

这一策略的灵魂就在于出其不意,当敌手认定我们必退的时候,我们却主动出击,令敌人措手不及。快速的反攻让我们占据主动,局势很可能因此逆转。

以攻为守是用进攻的方法,作为防御的手段。弱势者如果能够集中兵力,采取主动出击或突然袭击的方式打击敌人,常常可以出其不意,摆脱困境。

## 全力以赴迎难而上

要想战胜敌手就应该奋起反抗,即使明明知道结果会失败,一样也要奋一搏。

要想成为生活的强者,就必须在竞争中取得胜利。在如何竞

## 第四章
### 以攻为守：努力进取才是硬道理

争的问题上，我们需要讲究一个"勇"字。只有充满勇气，才可能击退一切竞争对手。患得患失的人不可能有所成就，因为他连迎接挑战的勇气也没有。

两粒种子躺在泥土里，一起在温暖的泥土里度过了寒冷的冬天。春天到了，其中一粒种子为了破土而出努力吸收水分、发芽并勇敢地向上生长，它想成为有用之材。而另一粒种子却想："我若吸收水分，就会把外衣涨破，我就失去了保护；我若向下扎根，也许会碰到岩石；向上生长，泥土这样厚，也许会把我的茎弄伤，无论怎样，都让我害怕。"于是它心甘情愿地呆在泥土里。几天后，它被一只刨食的母鸡从泥土里翻出吃掉了，而向上生长的种子最后长成了一棵挺拔的树苗。

面对可能的失败或者挫折，害怕和恐惧无济于事。只有那些能够充满勇气面对困难的人才能有机会成功，而不求上进、懦弱软弱的人只会是生活的弱者。不管局势如何，在与对手对抗的过程中，往往是那充满勇气的一方能够取得最后的胜利。

充满勇气表现在拥有必胜的气势上，在形势不利时一样能够以攻为守奋起反抗。面对敌手如果没有必胜的信念，也没有奋起斗争的勇气，如何能够取得胜利？

1950年6月25日，朝鲜爆发了内战。6月27日，美国出兵朝鲜，同时派海军第七舰队进入台湾海峡，公然阻止中国解放台湾。

美国政府无视中国政府和人民的声明、谴责和警告，认为中国软弱可欺，命令其部队悍然越过"三八线"，分三路大军向北进犯，直至中国边境的鸭绿江和图们江。奋起反抗，以硬对硬，以战止战，以攻为守是中国政府的唯一选择。

1950年10月19日至1951年6月10日，中国人民志愿军连续打了五个战役，采取以"运动战为主与部分阵地战和敌后游击战相结合"的作战方针，先后歼敌 23 万余人。1951 年 6 月至 1953 年 7 月，两年中又歼敌 72 万人。1953 年 7 月 27 日，美国终于在板门店同朝中双方正式签订了军事停战协定。

面对美国这样强大的对手，我们的军队却可以勇敢地站出来维护正义。充满正义感使得我军在战斗中处处占据优势。战胜一切的勇气，才让虎视眈眈的美国无功而返。

狭路相逢勇者胜。要想战胜敌手就应该奋起反抗，即使明明知道结果会失败，一样要有奋力一搏的勇气。有时，正是这种勇气让我们战胜对手，正是这种勇气让我们战胜一切艰难困苦。

## 向自己发起挑战

不断向自己发起挑战，不断超越自我，这样的人才是生活的强者。

进与退完全是相反的两种状态，退的时候大多都是被动的，因为人生各事如逆水行舟，不进则退。如果想要成功就需要不断进取，即使你拥有良好的天赋和条件，倘若主观上不求进取，一样会落后于人。

在我们求学的时候，老师总是告诫我们：学习如逆水行舟，即使你再聪明，不肯学习一样会落后于别人。最有名的例子应该就是神童方仲永。

宋朝时候，有个农家子弟名叫方仲永，五岁的时候就能写诗。于是他父亲非常得意，就把他的诗拿给读书人看，大家都很惊奇。仲永成了远近闻名的神童以后，不断有人请他去做客，以索取仲永的诗作。

他的父亲贪图小利，每天领着仲永到处拜访，这样就耽误了他继续学习。等小仲永到十二三岁，所作的诗文已经无法和同龄人相比了。再长大之后，方仲永和普通人已经完全没有什么区别了。

任何天才都不能生而知之，不勤奋学习，不思进取，即使有良好的天资也是枉然。与方仲永恰成鲜明对比的是左思。

左思是晋朝的一个文学家，少年时不是很聪明，学过书法、音乐和兵法，都没有什么成就。他父亲曾对朋友说："一代不如一代，这孩子不如我年轻的时候有能耐。"左思听了很难过，下决心刻苦学习，不断练习写作。

当他准备写《三都赋》的时候，著名的作家陆机就笑话说："这个愚笨的人能写出什么《三都赋》来，等他写出来倒是可以给我盖盖酒坛。"但左思没有放弃自己的目标，他在室内、门前、墙壁和厕所等处都挂着纸和笔，想到一个好句子就随时记下来，这样花了漫长的10年，终于写出了让当时笑话他的陆机都赞叹不已的《三都赋》。洛阳的人都争着买纸抄读，使得当时的京城纸张供不应求，这就是"洛阳纸贵"的由来。

其实不仅学业上如此，健康、事业、人生都一样。如果不是拥有丰富的人生经验，不会明白"不进则退"的道理。不论是工作上还是生活上，如果没有压力，在不知不觉中我们就是在倒退，生活中的挑战和困难可以帮助我们不断超越自我，而过分安逸的环境势必会让我们在自我满足的状态中丧失动力。

小孙毕业之后就找到了满意的工作。不论是工作上还是生活上，一直没有过什么太大的压力。工作性质比较轻松，生活上自己也乐得逍遥自在。两年之后，因为公司人事变动，小孙虽然没变单位却换了工作岗位。

这一下子，原先不知道、没体会过的压力，却乘排山倒海之势，似暗流汹涌般地到来。可怜小孙只能拼命应对，凭自己原先的经验和工作状态已经有些力不从心了，他为此付出了巨大的代价。

换岗位之前小孙的数次体检均没有什么问题，但换岗后的体检报告出来，显示自己的身体已经处于亚健康状态。

小孙向领导反映了自己的问题，甚至提出调离现在的工作岗位。小孙明白了虽然自己在这家公司工作了两年，可是原先的工作没有压力也没有挑战，所以以前的工作还是能够得心应手的，实际上就是自己现在已经完全不适应新的工作。原先他老是想着自己如何轻松自在，慢慢地，自己能力已经落后，甚至还不如一个刚进公司的新人。

后来小孙调整了心态，开始了新的学习，他经常去参加相关培训，慢慢地他不再害怕抱怨工作上的难题和麻烦了。很快，小孙又找到了状态，不仅可以胜任新的工作，收入也比原来增加了一倍。

逆水行舟，不进则退！生活应该处处有艰辛，太安逸的环境会让人不思进取，无形之中已经被生活抛在了角落。生活中处处是困难，不能等同儿戏，它们都是学习和成长的机会。

那些能成功的人一定是懂得不断进取的人，对于他们来说最大的痛苦不是来自失败和挫折，而是来自过分安逸的现状和毫无挑战的生活。不进则退，如果你以为自己可以得过且过，总有一天会追悔莫及，此时你已退无可退。

如果不思进取，就一定会被社会淘汰，而一个懂得不断进取的人才能成功。他们不断向自己发起挑战，不断超越自我，这样的人才是生活的强者。

## 行动并不是你想象的那么难

成功就是不断克服恐惧，而积极进攻是克服恐惧最有效的方法。

当我们向敌手或者困难发起进攻的时候，就会给人一种实实在在的感觉。这种行动克服了原先的焦躁和恐惧，还有很重要的一点，那就是在实际的进攻行动中非常能锻炼你的能力。能力让自己更加充满自信。如果只停留在口头或者头脑中，而没有实际行动，只会让等待和拖延增加恐惧和挫败感。因此，克服恐惧的最好办法就是立刻发起进攻。

有一次，一位跳伞教练说："跳伞本身真的非常好玩，让人着迷，难受的却是跳之前的一刹那。那时候的恐惧就达到了顶点。在跳伞的人各就各位时，我会想尽办法让他们尽快度过这段时间。曾经不止一次有人因为联想到一些可能发生的事情而晕倒。如果不能鼓励他跳第二次，他将永远不可能再去跳伞。因为，跳伞的人拖得越久越害怕，越没有信心。"

当跳伞运动员纵身一跃的时候，就不知道恐惧为何物了，那种在天空中翱翔的快感和刺激完全取代了恐惧。之前在机舱里的恐惧就不复存在了。如果不能战胜自己的恐惧而迈出那一步的话，永远不能享受跳伞的刺激和愉悦。

其实很多事情的恐惧只是来自于想象，而克服这种情绪最有效的方法就是主动发起进攻。一旦发起了进攻，我们就会把注意力放在事件本身，而不去做多余的想象。很多事情之所以能成功，原因之一就是多了一点主动发起进攻的勇气。

法国记者马维尔去采访林肯："据我所知，上两届总统都想过要废除黑奴制度，《解放黑奴宣言》也早在他们那个时期就已草就，可是他们都没拿起笔签署它。请问总统先生，他们是不是想把这一伟业留下来,给您去成就英名?"

林肯:"可能有这个意思吧。不过,如果他们知道拿起笔需要的仅是一点勇气,我想他们一定非常懊丧。"马维尔还没来得及问下去,林肯的马车就出发了,他一直都没弄明白林肯这句话的含意。

林肯去世 50 年后,马维尔在林肯致朋友的一封信中找到答案。林肯在信中谈到幼年时的一段经历。"我父亲在西雅图有一处农场,上面有许多石头,正因如此,父亲才得以以较低的价格买下。有一天,母亲建议把上面的石头搬走。父亲说,如果可以搬,主人就不会卖给我们了,它们是一座座小山头,都与大山连着。"

"有一年,父亲去城里买马,母亲带我们在农场里劳动。母亲说,让我们把这些碍事的东西搬走。于是我们开始挖那一块块石头。不长时间,就把它们给弄走了,因为它们并不是父亲想象的山头,而是一块块孤零零的石块,只要往下挖一英尺,就可以把它们晃动。"

林肯在信的末尾说,有些事情一些人之所以不去做,只是因为他们认为有太多的困难。其实,很多困难只存在于人的想象之中。读到这封信的时候,马维尔已是 76 岁的老人,就是在这一年,他正式下决心学汉语。据说三年后的 1917 年,他在广州旅行采访,是以流利的汉语与孙中山对话的。

我们可以想象,林肯在签署《解放黑奴宣言》的时候也和上两届总统一样,在决定之前一定也面对着巨大的困难,但是他还是下了决心,最后为历史作出巨大贡献。这种进攻的勇气激励马维尔下决心在 76 岁高龄之时开始学习汉语。

进攻是克服恐惧最有效的方法。很多时候只要能够迈出第一步,就减弱了原先的担心和恐惧。关键就是下定决心积极进取,相信没有什么能够阻挡我们前行。不断进攻中，我们会找到必胜的信念。

## 勇敢地向恶势力说："不！"

如果好人绕道，则坏人横行。

有的人总是凌弱怕强，我们越是坚忍和退让，越是助长他们的嚣张气焰。如果你以为面对奸险之徒，沉默和逃避能够自保的话，那绝对是个错误。如果人人都有自保的想法，奸险之徒一定会横行于世，并不是自己不做坏事就够了，面对奸险之徒我们有义务勇敢地站出来。

如果简单地把人分为好人和坏人，那么好人并不应该一味忍让，好人更不应该是弱势的。我们相信好人一定是大多数的，因此只要我们勇敢面对奸邪之徒，一定能得到更多的帮助。如果每个人都各扫门前雪，遇见不良行为也不加以制止，那么下一个受害的人很可能就是自己。

盗窃已经成为了一个非常严重的社会问题。小偷是可恶的，但是为什么他们能够横行？原因之一就是很多人面对盗窃不能勇敢地站出来制止这种行为。有一个地方电视台为此展开的匿名调查中，有52%的人表示在公交车上曾经被盗过，而其中30%的受调查者表示在公交车上看见小偷对别人作案时，他们会选择沉默。原因很简单，因为是害怕小偷报复。

警察也对小偷作了一个调查，显示小偷并不担心自己的盗窃行为被发现，而且他们都有被发现的经历，但很少有人敢把他们抓住送到警察局。有的人甚至在发现之后，只是悄悄地走开，更多行人更是装作没有看见的样子。在问到他们会不会报复的时候，他们却说，他们只是为了偷一点钱，并不想犯更多的错误。虽然他们有时候也是团队作案，但是一旦出了事也是各顾各的。他们有时会采取一些恐吓手段对付发现自己的人。

正是这种"事不关己，高高挂起"的心态让盗贼异常猖狂，他们肆无忌惮地在车上作案，即使失手了也不会有太大的麻烦。可是对奸邪之徒的姑息就是纵容了犯罪，使得他们越来越猖狂。面对邪恶低下头，可能邪恶下一次就找上你来。

如果能够勇敢地对抗敌人，就能有效地制止他们的侵害行为。要知道奸邪之徒很可能就是外强中干，他们更害怕人们奋起反抗。当你勇敢地站在他们面前，就可能取得胜利，因为他们心里有鬼，一些阴谋就会不攻自破。

楼下有个早市，有很多小贩出来摆摊。不知从哪天起，早市上突然有几个一头黄毛的小青年晃来晃去，早市上的人背地里都称他们为小痞子。每天在早市上，他们不是尝尝这个摊上的水果，就是拿那家一条鱼，从来没见他们给过钱。摆摊的小贩们都是为了养家糊口，都怕惹是生非，碰上他们都是自认倒霉。

入秋后，乡下的大白菜开始进城，多了一些卖菜的农用三轮车。一个卖菜的女人在那里吆喝，车里面有个男孩，身上盖着绿色的军大衣，斜靠着睡觉。女人的这车白菜干净、水灵，还不贵。

就在这时候，那几个小痞子朝这边走了过来，开始肆无忌惮地动手挑起白菜。有两个还跳上车斗挑来挑去的，最后他们每人挑了两棵最大的，但是还嫌菜长得太老，把外面的菜叶都掰下来，扔得满地都是。女人在一边看着心疼，直皱眉头。

几个家伙挑好了菜，根本没有给钱的意思，而是嬉皮笑脸地说："大姐，我们先把菜拿着，回去吃了觉着好再给你菜钱。"说着话就要走。

女人急了，说："你们咋能买菜不给钱呢？"一个家伙竖起了眉头，大声说："要钱？你想不想在这儿卖菜了？"女人急得直流眼泪。正在这时，三轮车的车门开了，刚才在车里睡觉的小男孩从里面走出来，他是被争吵的声音给吵醒的。

小家伙大约八九岁，那张小脸黝黑，显得格外健康。他下车后，跑过去横在那几个小痞子面前，扯着嗓门大喊了一声："你们把白菜放下！"小家伙怒目圆睁，紧盯着他们，眉宇间一副赫然不可侵犯的神情。这一声喊叫，引得很多路人都围过来看热闹。为首的家伙看了一眼小男孩，轻蔑地说："小孩不大，胆子不小。看我一脚不踹扁你！"

"你们把白菜放下！"孩子又是一声怒喝。一个八九岁的孩子，对付这几个二十多岁的青年，无异于是羊羔投入狼群里。让人没有想到的是，几个商户在这个时候站到了一起，围住了年轻人。几个小痞子互相看了看，最后真的把白菜放在了地上，然后灰溜溜地消失了。

真正的勇敢并不是在一点小事情上争勇斗狠，大打出手，而是面对敌手勇敢地站出来斗争。勇气是战胜敌人最强的力量，面对出招阴险的敌人更应该针锋相对。有一句话说得好："如果好人绕道，则坏人横行。"面对外强中干的坏人，退让只会让他们得寸进尺，只有针锋相对才能用正义和勇气战胜奸邪。

## 坚持不懈才能获取成功

不放弃最后一点希望，坚持到最后，也许成功就此降临。

只要不放弃任何一次进取的机会，就有可能成功。面对目标应该全力以赴，即使自己的能力有限，也不应该轻易放弃。有时候坚持到最后才能得到自己想要的，机会总在最后一秒降临。

杰克骑着新的自行车来到学校，骄傲地宣布自己拥有了最新款的运动自行车。学校每一个孩子都有自行车,但汤姆没有,因为他的父亲生病,家里的条件一直不好。虽然从来没有向父亲要过自行车,可是他做梦都想有一天他也能骑着像杰克那样的自行车去上学。

汤姆想尽一切可以挣钱的办法,甚至偷偷地把家里的垃圾给卖了,终于他拥有了5美元。可是一辆自行车至少需要100美元。5美元和100美元之间的距离成为汤姆梦想的距离,但是汤姆知道他一定能拥有自己的自行车。

有一天,他在网上看到了一个拍卖自行车的消息。原来海关要把一些在缉私活动中没收的物品拍卖,其中就有一批崭新的自行车。当汤姆看到这个消息的时候,他高兴坏了。虽然有些害怕,但是为了心爱的自行车,他决定前往。

拍卖会上人非常多,要拍卖的东西却越来越少。当拍卖自行车的时候,汤姆总是以5块钱第一个出价,然后眼睁睁地看着自行车被别人用五六十美元买去。拍卖暂停休息时,好奇的拍卖员注意到了汤姆,问汤姆为什么不出较高的价格来买,汤姆老实地告诉他自己只有5块钱。拍卖员也老实地告诉他,可能拍不到他想要的自行车。

拍卖会又开始了,汤姆还是给每辆自行车出相同的5美元,然后又被别人用较高的价钱买走。后来大家开始注意到那个总是首先出价的男孩,都知道汤姆得不到自己想要的自行车了。因为任何人都可以出比5美元高的价钱把车子骑走。

直到最后一刻,拍卖会就要结束了。这时,只剩最后一辆自行车,车身光亮如新,有多种排档、十段杆式变速器、双向手煞车、速度显示器和一套夜间电动灯光装置。这辆车子要比之前拍卖的任何一辆新车还要棒。

拍卖员问："有谁出价呢？"这时，站在最前面，几乎已经放弃希望的汤姆，轻声地再说一次："我出 5 美元。"他的声音很小，因为他不敢大声出价。这时，所有在场的人全部盯住这位小男孩，没有人出声，没有人举手，也没有人喊价。直到拍卖员唱价三次后，他大声宣布："这辆自行车卖给这位穿短裤白球鞋的小伙子！"

此话一出，全场鼓掌。汤姆被发生的一切惊呆了，他不相信自己真的拍到了台上那辆自行车，这就像是在做梦一样。汤姆拿出握在手中的仅有的 5 美元，买到了那辆毫无疑问是世上最漂亮的自行车时，他的脸上流露出从未有过的幸福和满足感。

对于汤姆来说，想得到自行车的愿望是如此强烈，以至于在看似没有任何希望的时候都坚持不放弃。也正因为汤姆没有放弃最后一点希望，才感动了在拍卖大厅里的每一个人，最终得到了自己想要的自行车。

进取就是一个艰苦奋斗的过程，真正懂得进取的人能坚持到最后。巨大的成功依靠的不是力量而是韧性。我们总是看到事件的结果，而看不到成功背后的坚持。成功的人不一定聪明过人，但往往在所有人都放弃的时候他都还能继续坚持。

积极进取，不要放弃任何一个可能的机会。失败并不可怕，可怕的是在即将成功的时候放弃了坚持，只要还有机会，就不放弃，机会眷顾那些有准备的人，更眷顾那些不轻易放弃任何机会的人。

## 严于律己，提高自身能力

天才在于积累，聪明在于勤奋。勤能补拙是良训，一分辛苦一分才。

"磨刀不误砍柴工"是我们每个人都知道的一句谚语。这里所说的"磨刀"就是修炼自己各方面的功力，提高办事的能力和效率。

人的能力有大小，办事效率有高低。对大多数人来讲，最头痛的问题就是——自己缺乏能力，想多做事，但常常是力不从心，半途而废。怎样解决这个问题呢？首先必须提高自己的能力，把所有的时间和精力都投入到自己的专项上。结果会怎样？结果你会发现自己突然强大起来了，做成了自己想做的事。这就是"多努力一点"的成事之道。

荀子的《劝学篇》有这样一段：堆积土石成了高山，风雨就从这儿兴起了；汇积水流成为深渊，蛟龙就从这儿产生了；积累善行养成高尚的品德，那么就会达到高度的智慧，也就具有圣人的精神境界。所以不积累一步一步行程，就没有办法达到千里之远；不积累细小的流水，就没有办法汇成江河大海。骏马一跨越，也不足十步远；劣马拉车走十天，也能走得更远，它的成功就在于不停地走。说的就是积累的重要性。

渥沦·哈特葛伦在年轻时曾是一名挖沙工人，长年累月的劳作使他萌发了必须要成就自己的人生事业的欲望——成为研究南非树蛙的专家。根据哈特葛伦所受的教育，本来他不具备这方面的才能，但他从1969年开始，就把大部分时间和精力用在了研究这项工作上。他每天都收集150个标本，共做了大约300万字的笔记，终于找到了南非树蛙的生活规律，并从这些蛙类身上提取了世界上极为罕见的一种能预防皮肤伤病的药物，从而一举成名，获得了哈佛大学的博士学位，成为美国《时代》周刊的封面人物。他曾经问过一位年轻人是否了解南非树蛙，年轻人坦白地说，不知道。

博士诚恳地说："如果你想知道，你可以每天花5分钟的时间阅读相关资料,这样5年内你就会成为最懂南非树蛙的人,并成为这一领域中最具权威的人。"

年轻人当时未置可否,但他后来却常常想起博士的这番话,觉得这番话真的道出了许多人生哲理。这位年轻人开始像博士一样把时间和精力投入到自己的专项上,终于成就了一番大事业。他的名字叫伍迪·艾伦。我们大多数人都不愿意每天投资5分钟的时间(与5个钟头的时间相比实在是少之又少),努力成为自己理想中的人。

我们经常看到很多人忙着参加各种各样的进修班,考各种各样的资格证书,以为这样就能够让自己在职场中变得抢手。其实,人们很多时候就犯了熊瞎子掰棒子的错误。正确的做法是:踏入职场之前一定要先根据自己的性格、爱好等确定工作目标,并坚持目标,按照一定的职业轨迹往下发展,不要频繁地更换行业。这样的积累才会真正地积少成多,由量变转化成质变。否则,只会分散精力,没一项能拿得出手的技能。

水面上的鸭子悠闲高傲,姿态优雅,但人们却看不到,水面下它的脚在不停地拨动着水。勤奋的人都像鸭子一样,每一秒钟都在积累。伊莱克斯公司原中国区总裁刘小明,就是这样。他原本只是北京某西餐厅的厨师,但是他善于积累,先是在国内上大学,然后到美国读博士,而后在华尔街当律师。进入伊莱克斯公司之前,他并没有家电的从业经验。但是,刘小明清楚自己已经积累了足够的能力。果然,上任后,他把伊莱克斯产品的市场份额拓展到12.9%,仅次于海尔。

用友软件公司的总裁王文京希望自己的所有员工都是像刘小明这样的"水鸭子"。他告诉员工,要锻造自己的核心竞争力,就要把最基本的东西做好。那些最基本的东西看起来很简单,每个人都懂，但很多人恰恰没有做好。产品要做好，服务要做好，对待员工要友好，这些全是常识，是基础性的东西，但并不是每个人都能做到的。重要的不是现在的起点是高还是低，现在的规模是大还是小，重要的是要去做。

做就是积累，高手总是在平时就注意积累。投资大师彼得·林奇就是一位善于在平时积累的人。他每年要走访超过500家公司，每周与几十位行政人员交谈，结果他料事如神，如果1977年摆给他1万美元，1990年就可以带走28万美元。他的正确判断就来源于众多采访对象提供的资料。

商界里可以子承父业，但企业家的头衔是不能世袭的。每个人在职业拓展中，都需要集中力量不停地修炼自己的独门绝技。血缘不如机缘，在专业面前，所有的业余都会现形。

所以，职场中人要重视积累，哪怕通过一些细小的事情看到的不足，也需要一步一步地去改变和积累才行。

踏踏实实地去积累一些属于自己的东西，那才是自己生命中的财富。这些东西才是真正属于自己的，印上了自己生命的标记的，也是稳稳当当的，人家偷不到，也抢不走！

## 做最好的自己

努力不懈的人，会在人们失败的地方获得成功。

我们总是很容易去要求别人，却常常放松对自己的要求，而且还会在遇到一点儿困难的时候，不断地降低对自己的要求、对结果的期许。于是，我们在做事情的时候总是没办法达到理想的状态，也就得不到令自己满意的结果。我们可以尝试着这样去做：给自己一个最高的标准，做任何事情都要求自己做到最好，然后全力以赴朝着这个目标去努力。这样才会发现，你能够调动自己全部的智力，把自己的状态调整到最佳，做起事情来也是热情百倍，这个时候的决心和坚持也是最大的。这样做的结果，即使不能完全达到自己的最高标准，也会比自己心里可以接受的底线理想得多，甚至还会有意外之喜。

高标准严要求，也是对自己意志的一种锻炼。我们做任何事情都应该有这样的态度，这样才能更快地做出成绩，出人头地。

韦尔奇刚刚进入公司，自以为专业知识和能力很扎实，所以对待工作很随意。有一天，老板直接交给他一项任务：为一家知名企业做广告策划方案。由于这件事情是老板亲自交代的，韦尔奇自然丝毫不敢懈怠。

一个月后，他拿着自己设计的方案走进了老板的办公室，毕恭毕敬地放在老板的办公桌上。

谁知老板只是随便地看了看，说："这就是你能做的最好的方案吗？"

韦尔奇一愣，没敢吱声，什么也没说，拿起方案，走回了自己的办公室。韦尔奇绞尽脑汁，思考了好几天，修改后交到老板面前，老板还是那句话："这就是你能做的最好的方案吗？"

老板第一次这样说的时候，他只想好好改改一定就没问题了。第二次，老板又这样说的时候，韦尔奇似乎听到了一种轻视和不满的声音，但是他没有说什么，又拿着方案回到了自己的办公室，暗暗下决心一定要拿出一个最好的方案来。

这样反复了四五次。最后一次的时候，韦尔奇充满自信地说："是的，我认为这是最好的方案。"果然，方案被批准通过了。

这次经历之后，韦尔奇感叹地说："不要惧怕老板的不满，更不要惧怕要求的苛刻，只要努力地不断改进，不断完善，就一定能做到最好。"

在今后的工作中，他掌握了一个给自己出难题来提高自己工作质量的方法，那就是经常问自己："这就是我能做的最好的方案吗？"然后对其进行不断的改善。

就这样，面对苛刻的老板，韦尔奇以从不服输、从不言败的精神，一次次拿出最完美的方案，不久他就成为公司中不可替代的人物。

"追求工作上的尽善尽美"，表达的是一种决不向任何不符合最高要求的做法妥协的决心，这种决心必须落实到前进的过程中，人们才能得到想象中的完美。它要求人们努力工作，把工作当作自己的事情来做，不光是说到做到，更是要做到最好，达到"零缺陷"的境界。推行"零缺陷"的管理思想是当前很多优秀企业的一项日常工作，他们在任何事情上都把标准定为"最好"而不是"差不多就好"。因为，对产品质量的任何妥协，都有可能对顾客或企业造成百分之百的伤害。

吉列刀片的总裁说过："要么第一，要么第二，要么退出。"

在现实中，有一些人，既赢不起也输不起，赢了就骄傲，尾巴翘到天上去；输了则气馁，如同摔断了脊梁骨，趴在地上起不来。还有的人，在困难面前挺不直身板，还没开始先胆怯，自己打败了自己，这样的人永远不会在工作上有成就，永远也不会得到老板的重视，永远都是一个彻底的懦弱的人！

无论是工作还是生活，都需要尽心尽力好好去做。演艺圈有句名言："无所谓小角色，只有小演员。"只要演好你的角色，把事情做到尽善尽美，每个人都能化蛹成蝶！

## 扼住命运的咽喉

如果你失去了财产,那你可能失去一点点;如果你失去荣誉,那你便失去更多;如果你没有了勇气,那你肯定就失去了全部。

常常听到周围的人说出这样的话:"我没上过大学,去大公司上班是不可能了。""人家是名牌大学毕业的,我怎么可能超过他呢?""他在学校成绩就比我好,现在工作比我好那是应该的。"……

说这些话的人通常都是行为的失败者,而且他们往往并不是输给了那些比他们"优秀"的人,而是输在了自己对自己的限制。正如有位哲人所说:"人的思想是不受任何限制的,唯一能限制自己思想的只有自己的思想。"

许多成功人士并不是学校里成绩最出色的,但他们能成为大人物,很大一部分原因就是,他们绝不会因为在学校的成绩不好就给自己的前途设限制。

1954年4月2日,爱因斯坦在讲学中说了这样一句话:"我在学校的学习成绩中等,按学校的标准,我算不上是个好学生。"

1999年12月27日,比尔·盖茨出席哈佛校友会。由于他是哈佛的退学生,记者问他:"你愿不愿意回到哈佛学习,拿到哈佛的毕业证书?"比尔·盖茨只是微微一笑,没有回答。

2001年5月21日,美国现任总统布什接受耶鲁的荣誉博士学位。当时他的学习成绩并不好,有人问他:"你在学校的学习成绩并不算好,那现在你还想对毕业生说些什么?"布什说:"对成绩好的人,我想说,你们干得好!对那些成绩较差的人,我说——你们可以去当总统!"

想要成功就别给自己设限制,比如拿学历限制自己,还有其他各种各样的思维限制。当我们突破这个限制之网时,往往就会云开日出。

传说公元前233年冬天,马其顿·亚历山大大帝进兵亚细亚。当他到达亚细亚的弗尼吉亚城,听说城里有个著名的寓言:几百年前,弗尼吉亚的戈迪亚斯王在其牛车上系了一个复杂的绳结,并宣告谁能解开它,谁就会成为亚细亚王。自此以后,每年都有很多人来看戈迪亚斯打的结子。各国的武士和王子都来试解这个结,可总是连绳头都找不到,他们甚至不知从何处着手。亚历山大对这个寓言非常感兴趣,命人带他去看这个神秘之结。幸好,这个结尚完好地保存在朱庇特神庙里。亚历山大仔细观察着这个结,许久许久,始终连绳头都找不到。这时,他突然想到:"为什么不用自己的行动规则来打开这个绳结!"于是,他拔出剑来,一剑把绳结劈成两半,这个保留了数百载的难解之结,就这样轻易地被解开了。亚历山大不墨守成规、按自己的行动规则做事的作风,注定了他必然成为亚细亚王。

仔细想想不难发现,在许多事上我们常常给自己设限,总觉得自己这样做是不可能的,那样做也做不好,于是把自己局限在一个小框框里。而实际上只要走出这种局限,敢于超越自我,建筑工人也有可能成为房地产大亨,快餐店送货员也可能成为连锁集团的老总……梦想并非真的遥不可及,只需你增加一点前进的动力。

前途不设限,成功需要勇气。不要被自己目前的状况所蒙蔽,只有冲出我们现有的局势,打开局限,我想成功并不会离你很远!

# 第五章
## 循序渐进：把握好取舍平衡的尺度

前进的道路上我们需要有一往无前的勇气和决心，也要有量力而行的智慧和藏锋露拙的城府。虽然这是完全不同的两种处事方式，但是一样能让我们达到目的。玫瑰的刺最容易伤人，所以"露锋芒"一定要适当，不然自己也容易受伤。

### 从实际出发，一步一个脚印

自知之明，量力而行，就像是取舍之间的一把尺子，让我们心中有数。

能力再强也有不济的时候，如果硬顶着巨大的压力挑战自己能力之外的事情，只会事与愿违，所以取舍之道重要的就是清楚自己的能力和境况，什么事应该做，什么事不可做，需要分辨得清清楚楚。

任何事情都会有风险。很多朋友初入社会，阅历不足，技能也相对薄弱，失败的风险会更大，尤其需要量力而为，慎之又慎。应充分了解相关的知识及技能，避免盲目行动。凡事都要量力而行，不要自不量力，一意孤行，没把握的事不要抱太多侥幸心理，不要把成功的希望放在侥幸上。

曾经听过这样一个故事。一位武术大师隐居于山林中，但是因为声名远播，所以还是有很多人千里迢迢来跟他学武。有一位年轻人千辛万苦到达深山，多日寻找终于找到了大师，并拜师学艺。

大师并没有教年轻人什么武功，而只是每天叫他练习增强最基本的身体素质。年轻人心中颇有微词，有一天他终于找到了大师，问他何时才教自己上乘武功。大师笑而不答，叫年轻人先去山谷里挑水。

年轻人生气地把两只木桶装得很满，一路上跌跌撞撞。因为山路难行，年轻人不得在中途故意倒掉一些水。大师看了看年轻人打回来的半桶水，很不满意，他不解地问："这是什么道理，你如此强壮，为何只挑这么点水？"年轻人就抱怨山路难行，中途把水都洒掉了。

大师笑着说："挑水之道并不在于挑多，而在于量力而行。一味贪多，适得其反。"年轻人越发不解。大师笑道："看这个桶。"年轻人向大师所指方向看去，桶里画了一条线。大师说："这条线是底线，水绝对不能超过这条线，否则就超过了你的能力和需要。这条线可以提醒你凡事要尽力而为，也要量力而行。"

年轻人忽然明白了大师的喻意，从此跟随大师安心学艺。若干年后，年轻人学会了大师所有武功，也成了一代武学大师。

一般来说，当自己能力有限的时候，目标越容易实现越好，这样人的勇气不容易受到挫伤，还会培养起更大的兴趣和热情。长此以往，循序渐进，很多事情自然会水到渠成。

对于自己的目标需要量力而行，对于别人的成就不应该羡慕，不应该把别人的成功当作自己的目标。凡事都要量力而行，别人的方法不一定适合自己，经验需要有选择地借用，盲目自大只会让自己遭受不必要的失败。

老鹰叼走了一只绵羊，一只乌鸦看到老鹰享受美食的样子非常羡慕。乌鸦尽管势单力薄,嘴却特别馋,它决定学着老鹰去捕猎绵羊。它盘旋在羊群上空,盯上了羊群中最肥美的那只羊。

它贪婪地注视着这只羊,自言自语地说道:"你的身体如此的丰腴,我只好选你做我的晚餐了。"说罢,乌鸦快速地带着风直扑这只肥羊。

结果可想而知,乌鸦没把肥羊带到天空,它的爪子反而被羊蜷曲的长毛紧紧地缠住了,乌鸦脱身无术。牧人看到了倒霉的乌鸦,赶过来逮住它,并把它投进笼子,它就成了孩子们的玩物。

诚然,在制定和规划自己的目标时,一定要"取法乎上"。从别人身上吸取经验当然很重要,但是同样也需要结合自己的能力和特点。一味模仿,往往会让自己成为东施效颦。一定不要太脱离自己的实际情况,循序渐进,逐步实现目标,才能避免许多无谓的挫折。

要想有所成就,一定需要量力而行。过于急躁地冒险或者过于犹豫不决的徘徊都不可能成功。只有那些结合自身特点和实际的人,才能把握时机稳步前进。

量力而行,循序渐进是重要的取舍之术。虽然我们可以从榜样身上学习经验和教训,但是一定要结合自身特点和实际。量力而行,循序渐进,才能避免许多无谓的挫折。

## 深藏若虚,成就梦想

木秀于林,风必摧之;堆出于岸,流必湍之;行高于人,众必非之。

俗话说:"枪打出头鸟。"有的时候锋芒毕露势必会让自己首先成为大家争相打击的对象。过分地表现可能会招致别人的妒忌,也有人害怕功高盖主而可能暗中打击,总之危险很可能在你"出头"的时候就已经出现。

当然我们也不是主张事事忍让,在一些关键或原则上的问题上必须据理力争。就像在应该表现的时候,就应该当仁不让。因为在这样一个社会,不可能仅仅依靠等待就能把握进取的机会,很多时候我们需要主动出击。遭遇不利或者可能对自己造成伤害的情况在所难免,这时候万万不能凭一时冲动办事,而应毫不犹豫地将自己隐蔽起来。切勿逞匹夫之勇,而毁坏自己的前程。所以要干一项事业,在实力和规模还不足以搏击长空时,就不能与人家硬拼,而应该在不显山、不露水中悄然发展。

古时候,在我国北方边陲两个部落之间发生战争,结果其中一个部落被打败。胜利者决定杀死被打败部落里的 10 岁以上的所有男人,这样残忍的手段为的就是斩草除根,但奇怪的是有一个 14 岁的男孩却幸免于难。

当一个首领将矛刺向卧伏在草丛中的这个男孩的时候,却被另一个头目制止住了。原因是这个大男孩看起来非常愚钝,当矛刺向他的时候,他仍然傻乎乎地看热闹,却不知求饶,更不知反抗和逃跑。杀不杀这个男孩其实没有太大区别,就让他留下收拾尸体。于是,这个男孩幸存下来了,他与其他 10 岁以下的男童,被当作未来的奴隶而幸存下来。

事实上,那个 14 岁的男孩非但不傻,而且智慧超群。当时为了能够活下来,他才装疯卖傻,他的名字叫关山。他暗中谋划复仇大业,29 岁的时候联络其他外族,率领本族人最终打败了他的仇敌,报了血海深仇。

当初若不是他装出很呆滞、柔弱的样子,早就被杀死了,更不用说什么复仇大业。可见,在处境不利于生存和发展的时候,并不是展示自己聪明才智的时候,相反让自己不引人注意,就能保全力量,以便东山再起,另谋大计。

有时候过分张扬,只是把自己暴露在危险之下,这对自己的事业是非常不利的。我们要分析"出头"之后所得到的是不是真的值得去冒这个"挨打"的风险。古今中外,一些过分张扬、锋芒毕露之人,不管功劳多大,官位多高,最终多数不得善终,这是尽人皆知的历史教训。

吴王箭射灵猴的故事留给人们的启迪正在于此。吴王乘船在长江中游玩,登上猕猴山。原来聚在一起戏耍的猕猴,看到吴王前呼后拥地来了,立即一哄而散,躲到深林与荆棘丛中去了。

有一只猕猴,在吴王面前卖弄灵巧,它在地上得意地旋转,旋转够了,又纵身到树上,攀援腾荡。吴王看这猕猴如此逞能,很是不舒服,就弯弓搭箭射它,那猕猴从容地拨开射来的利箭,又敏捷地把箭接住。吴王脸都气红了,命令左右一齐动手,箭如风卷,猕猴无法脱逃,立即被射死了。

吴王回头对他身边的人说,这灵猴夸耀自己的聪明,倚仗自己的敏捷傲视本王,以致丢了性命。对于猴子来说,它只是想得到大王的欢喜,为的是一时表现的快意,结果却要赔上性命。骄人傲世往往只会让人心生厌恶。在不适当的时候表现你的聪明,是最不聪明的行为。

每个人都希望自己木秀于林,有的人甚至认为只要自己优秀出众,得罪人又有什么,招人嫉妒更是不足为虑,他们对于这些不以为然,处处争强好胜,目中无人。其一方面,树大招风,而另一方面强中自有强中手。这样为人处世的方式总有一天会受到打击。

其实在工作和生活中多一份谦和退让,往往可以减少许多前进的阻力。在自己的岗位上不被人关注地默默工作,尽量不去与别人发生矛盾，这样你可以节省许多宝贵的时间，来静心地做自己的事，而不会有人来妨碍你。

最愚蠢的行为就是稍有名气就到处洋洋得意地自夸，喜欢被别人奉承，在时机不成熟的时候"强出头"。这样的人必定会成为众矢之的。所以一定要学会藏锋敛迹、谦虚谨慎，这样才便于自己稳步前行。

## 厚积薄发，一鸣惊人

低调是一种自我积累的姿态，它能帮助你稳步前行。

人生多舛，世事艰难，那些成功者并不一定都拥有好运气。这就是说，人生也许少不了逆境，少不了坎坷，少不了挫折。成就常常是逆境中低调积聚力量的结果，只有那些不断磨炼自己的人才能取得成功，才能突破人生的逆境，忍受人生的挫折，走过人生的坎坷。

北魏节闵帝元恭，是献文帝拓跋弘的侄子。孝明帝时，元义专权，肆行杀戮，元恭虽然担任常侍、给事黄门侍郎，总担心有一天大祸临头，索性装病不出来了。那时候，他一直住在龙华寺，和朝中任何人都不来往。他潜心研究经学，到处为善布施，就这样装哑巴装了将近12年。

孝庄帝永安末年，有人告发他不能说话是假，心怀叵测是真，而且老百姓中间流传着他住的那个地方有天子之气的说法。孝庄帝听说这个消息之后，就派人前去调查，结果元恭早就逃到上洛躲起来。没过几天，元恭就被抓住送到了京师。由于他态度极其谦卑，而且连话也不会说，孝庄帝就认定他无所作为，只想安享晚年，于是又放了他。

北魏永安三年十月，尔朱兆立长广王元晔为帝，杀了孝庄帝。

# 第五章
## 循序渐进：把握好取舍平衡的尺度

那时，坐镇洛阳的是尔朱世隆。他觉得元晔世系疏远，声望又不怎么高，便打算另立元恭为帝。更有知情人密告元恭只是装成哑巴，为的就是躲过仇人的追杀，如此胸襟和智慧非一般人所有。尔朱世隆于是暗访元恭，得知他常有善举，为人随和而且学识渊博，在当地深得人心。不久，元恭即位当了皇帝。

人生的路有起有落，逆境虽然痛苦压抑，但对一个有作为、有修养的人来讲，磨砺中可以锻炼自己的意志，从而由逆向顺。真正腹中有墨、胸怀大志的人不会张扬跋扈，更不会恃才傲物。他们知道在羽翼未丰的时候就显出非凡的才能只能博得一时之快，难免会招来杀身之祸。

每个人周围都有盘根错节的关系网，上面的人会提防着可能与其抗衡的下属，平级的人会心生妒忌，暗自结党与之为敌，下级的人更多是些墙头草的角色，一不留神就会成了糖衣炮弹的靶子。相反，低调稳重的人懂得在悄然无声中积聚力量，审时度势，躲过上级的猜疑、同级的嫉妒、下级的阳奉阴违，再在众人还无察觉的情况下，站上更高的位置。

低调处世可以追求自己内心的境界，这何尝不是另一种成功？他们并不一定有多大的野心，内心世界的升华也是一种境界。战国的庄子、东晋的陶渊明，他们能够舍弃繁华生活，追求一种内心的沉静和智慧，谁又能说他们不是成功的呢？在当今这个物欲充斥的社会，这种从心底里寻求低调生活的人往往无欲则刚。

保持一种低调的姿态不断积聚力量的人，必定会是笑到最后的人。低调之人不会引人嫉妒，也不会引人非议。或者出于局势所迫，或者天性使然，懂得在低调中积聚力量的人一定会有所作为。

聚沙成塔，滴水成河。每天都努力，人生几十年坚持天天如此，量变必然会引起质变，所以积累的力量是不可估量的。荀子说过：

"不积跬步,无以至千里;不积小流,无以成江海。骐骥一跃,不能十步;驽马十驾,功在不舍。锲而舍之,朽木不折;锲而不舍,金石可镂。"低调的坚持是世界上最伟大的力量,是这种力量让我们笑到最后。

低调无论在官场、商场还是政治军事斗争中都是一种进可攻、可退、可守,看似平淡、实则高深的处世谋略。低调中能积聚力量,更能洁身自好。成功者必定是那些坚持低调的人。

## 韬光养晦,静待转机

在消极中表现积极,在无备中表现有备,韬光养晦,伺机而动,必能成功。

韬光养晦是在平凡中表现不平凡,在消极中表现积极,在无备中表现有备,在静中观察动,在暗中分析明,因此它比积极奋进更具优势,更能让自己在机会来临之时展开拳脚。在中国成功学的艺术中,韬光养晦常被演变为一套内容极其丰富的成功之术。

见识和眼力是成功的必要条件,但更重要的是有实力、能够抓住良机的决定取舍。有时明明知道机会就在眼前,却不知如何行动而与机会擦肩而过。"有想法没办法"是件非常令人苦闷的事。资本和实力的积累并不是一朝一夕的事情,只有那些能够韬光养晦、伺机而动的人才能拥有这个资本和实力。

菲利普工作稳定,但他坚信自己能在商业上做更多的事情。他懂得要想成为一名成功的商人,就得先积累资本。他最大限度地积累资本,甚至到了非常节约的地步。整整十年,他的生活都非常寒酸,但在他的账户上已经攒了一笔不小的资金数目。

这笔资金虽然不少,但这并不是菲利普的最终目的,因为这只会让他成为一个中产者,而他的目标是要成为一名成功的商人。

他希望用这些钱做"跳板",等待机会一举成功。菲利普没有盲目投资,在漫长的等待中,菲利普抵制住了所有的诱惑,这笔钱不仅没有被挥霍还在不断地增加。

菲利普偶然看到一条新闻:"墨西哥发现了类似瘟疫的病例。"在证实情况属实之后,他毅然买断了邻近墨西哥的两个州的牛肉和生猪,并及时运到东部。瘟疫不久就传到了美国西部的几个州。美国政府下令禁止这几个州的食品和牲畜外运,一时美国市场肉类奇缺,价格暴涨。菲利普在短短几个月内净赚了900万美元。

菲利普最终成为一名成功的商人,他的成功之处在于能够十年如一日地节俭生活,为的就是积累资本,而且他能够冷静地分析机会和陷阱,最后才一举成功。缺少了任何一条,他都不可能成功。

"挫其锐,解其纷,和其光,同其尘,是谓玄同。"这一古训,极其深刻地说明了韬光养晦的道理,因而每当身处一些"特殊关系"的微妙场合,或者在面临生命威胁的紧要关头,智者无不恬然淡泊,大智若愚。因为愚笨、拙劣、屈服、木讷都给人以消极、低下、委屈、无能的感觉,这样的感觉能够让敌手放弃戒惧或者与之竞争的心理,这时却是我们伺机而动的最佳时机。

商纣王荒淫无道、暴虐残忍。一次整整喝了一天的酒,昏醉到了不知道是白天还是黑夜的程度。当纣王询问旁边的人,大臣们都没有人敢说自己知道,而在场的不乏贤能的人,难道大家都喝醉了吗?

其实道理很简单,当然还有人知道,只是不想因为得罪纣王而说明真相。于是即使清醒也装作昏醉,宁愿让人笑话也不去冒这个险得罪纣王。可见大智若愚可以很好地把自己保护起来。

隋朝的时候,隋炀帝十分残暴,各地农民起义风起云涌。隋朝的许多官员也纷纷倒戈，转向农民起义军。因此，隋炀帝的疑心很重，对朝中大臣，尤其是外藩重臣，更是易起疑心。唐国公李渊（即唐太祖）曾多次担任中央和地方官，所到之处，悉心结识当地的英雄豪杰，多方树立恩德，因而声望很高，许多人都来归附他。

这样，大家都替他担心，怕他遭到隋炀帝的猜忌。正在这时，隋炀帝下诏让李渊到他的行宫去晋见。李渊因病未能前往，隋炀帝很不高兴，猜疑他暗中肯定有什么预谋。当时，李渊的外甥女王氏是隋炀帝的妃子，隋炀帝就向她问起李渊未前来朝见的原因，在得知他的确是生病之后，忽然向王氏发问："他会病死吗？"王氏惊讶之余敷衍了过去。

王氏马上把这消息传给了李渊，李渊知道形势已经不利于自己，更加谨慎起来。他知道他迟早会被隋炀帝所不容，但过早起事又力量不足，只好隐忍等待。于是，他故意广纳贿赂，败坏自己的名声，整天沉湎于声色犬马之中，而且大肆张扬。隋炀帝知道这些情况之后，果然放松了对他的警惕。

李渊如果不是自毁声誉、低调做人，而是怒火中烧、马上与之理论或采取兵变，很可能会因为准备不足、时机不成熟而失败。这样就不会有后来的太原起兵和大唐帝国的建立。可以说，李渊把大智若愚演绎得很充分。许多成大事者，在成就大事之前都有韬光养晦的历史，无不以弱者的姿态做出强者的举动。

韬光养晦是一种以静制动、以暗处明、以柔克刚、降格以待的生存智慧。如果要克敌制胜，那么可以在不受干扰、不被戒惧的条件下，暗中积极准备，出奇制胜，以有备胜无备；如果意图在于获得外界的赏识，愚钝的外表可以降低外界对自己的期待，而实际的表现却又超出外界对自己的期待，这样的智慧表现就能格外出其不意，引人重视。

韬光养晦掩饰了真实的野心、权欲、才华、声望和感情。这种甘为愚钝、甘当弱者的低调做人术，实际上是精于算计的薮蔽，更是伺机而动的雄心。

## 深藏不露，出奇制胜

鹰立如睡，虎行似病，成大事者善于隐藏自己。

往往是那些不显山不露水的人，在关键的时候能够一击命中。有一位商场上的成功人士曾经这样说过：最可怕的敌人不是那些每天和你争得死去活来的家伙，而是那些在黑暗中默默无闻、十年磨剑的人，他们常常能够给出致命一击。

IT界就有这样的例子。安胜高科技公司一直默默无闻，他们潜心于研究一项先进技术。安胜不会为一时的市场份额而感到浮躁，只是在黑暗中甘做一个落伍者，让所有的对手甚至不把安胜作为竞争对手。然而，安胜在若干年之后，把这项先进技术公之于众，随后它就成为了行业的龙头。

在现实生活中用"藏巧于拙、用晦而明、聪明不露、才华不逞"等韬略来隐蔽自己的行动，可以达到出奇制胜的目的。过于张扬就会让对手警觉，就会把目标暴露出来，成为对手攻击和围剿的"靶子"。其实保护自己的最好方式就是不暴露自身的实力，尽管这样做可能会有损失，却能避免更多不可预知的风险。

1998年，华为以80多亿元的年营业额，雄踞当时声名显赫的国产通信设备四巨头之首，势头正猛。华为总裁任正非不但没有加入到明星企业家的行列中，反而对各种采访、会议、评选避之唯恐不及。甚至一些有利于华为形象宣传的活动或者政府的活动也一概坚拒，并给华为高层下了死命令：除非重要客户或合作伙伴，其他活动一律免谈。整个华为由此上行下效，全体以近乎本能的封闭和防御姿态面对外界。

2002年的北京国际电信展上，华为总裁任正非正在公司展台前接待客户。一位上了年纪的男子走过来问他："华为总裁任正非有没有来？"任正非问："你找他有事吗？"那人回答："也没什么事，就是想见见这传奇人物究竟是个什么样子。"任正非笑着回答说："实在不凑巧，他今天没有过来，但我一定会把你的意思转达给他。"

关于任正非还有很多故事。有人去华为办事，晕头转向地换了一圈名片，坐定之后才发现自己手里居然有一张是任正非的，急忙环顾左右，斯人已踪影不见。有人在出差去美国的飞机上，与一位和气的老者天南地北地聊了一路，事后才被告知那就是任正非。

出于打开国外市场的需要，华为与境外媒体来往密切，和国内媒体的接触也灵活不少，华为的一些高层也开始谨慎露面。唯一没有任何解禁迹象的，是任正非本人。

任正非深藏不露的处事风格，一方面是为了花更多的时间和精力打理公司。他每年花大量时间游历全球，在各个发达市场与发展中市场上寻觅机会，在通信设备国际列强间合纵连横，寻觅可用的力量与资源。另一方面，这样的作风使得任正非在人们心中拥有一份神秘和威严，也使得华为在很多领域都成为龙头，无人能敌，能够创造一个又一个辉煌。

在社会上，如果不合时宜地过分张扬、卖弄，那么不管多么优秀，都难免会遭到明枪暗箭的打击和攻讦。深藏不露的人往往是真正的强者，那是一种自信的表现，也是一种取舍的策略。

生活中到处都有深藏不露的智慧。中国人喜欢不记名投票，

## 第五章
### 循序渐进：把握好取舍平衡的尺度

从小学一年级开始评三好学生，一直到企业里评先进，几十年都是不记名投票。在公开场合，中国人一旦面临"反对"或者"赞成"的抉择的时候，大都不愿意明显地表示出来，所以中国人喜欢秘密投票。在对错选择面前，中国人一般选择应该反对的时候才反对，否则不轻易表态，在看清楚之后才合理地表示反对或赞成。

曹小姐在大家的邀请下，先极力强调自己"唱歌不行，跑调，别见笑"。结果一开口，抑扬顿挫，声情并茂，颇有明星风采。在场的人都不奇怪，大家早知道她会唱歌了，这是一种技巧，先说不好，再一鸣惊人。

这是很多人处事做事的技巧。初来乍到，一般都会冷眼旁观一段时间，因为要是展露太多，就会引起周围的警戒，树敌太多就不利于发展，所以大家最喜欢留一手，不是别的原因，环境使然。等到周边环境有利了，才合理表达。

"深藏不露"是一种守身哲学，意思是说不可以随便表现。因为人大都喜欢鼓励别人有本事就摆出来，放在明处，这样可以了解对手，看看到底别人有多少能力，合理的时候再把自己的本事使出来。从这个意义上讲，"深藏不露"是一种诡计。但你也不得不承认，这种缓冲，能让你不随便逾越合理的范围，让众人觉得有面子，会减少合理使用能力时的阻力。

"深藏不露"是强者自保的智慧，也是稳步前行的策略。

一个人要想走得又快又稳，除了利用自己的智慧能力之外，更需要学会深藏不露。深藏不露可以隐蔽自己的行动，达到出奇制胜的目的。而过于张扬就会让对手警觉，让自己成为对手攻击和围剿的"靶子"。

## 要时刻保持一颗平常心

平常心就像是一台持久而稳健的发动机，给予我们前进的动力。

成功并不是光靠运气。如果不能坚持不懈、稳扎稳打、保持一颗平常心，即使一时得意，最后还是难有成就。很多时候成功靠的不是机遇，而是自己循序渐进的认真态度。

宋祖英从一位农村小姑娘成长为国际知名的歌唱艺术家。最难得的是，她一直拥有着一颗平常心。她不喜欢抛头露面，不喜欢应酬。没有演出的日子，宋祖英就安静地待在家里看书、听音乐。虽然已经大红大紫了，但宋祖英仍然坚持每个月去金铁霖老师家里学习，请金老师指导她专业上的不足。她成长的每一步，都是那样沉稳而扎实，这也正是她区别于流行歌手，广受歌迷爱戴的主要原因。

在一个引人注目的平台上轰轰烈烈地为国家和人民干一番大的事业，是很高的人生境界，但在不起眼的、平凡的工作岗位上，把自己的本职工作干好，也能无悔一生。况且只有把眼下的事认真做好了，才能作下一步的打算。

虽然"万丈高楼平地起"的道理大家都明白，但是在这个略显浮躁的社会里，要想保持一种循序渐进的平常心又谈何容易？更多的人整天在思考的是如何在很短的时间里，让自己有所成就，但是有时候过度地追求成功，反而会得不到理想的结果。

杰克大学毕业之后成为一个普通的推销员。原以为自己才能出众，很快就会以自己的工作成果证明自己的实力，但是现实却打击了这个乐观的年轻人，3个月之中，他没有得到一笔单子。

和他一起加入这家公司的同事却已经完成了几笔单子。杰克于是每天都在抱怨为何自己的运气这么差，遇到的总是那么难缠的客户。这使得他生活潦倒,每天都埋怨自己"怀才不遇",命运在捉弄他。

半年过去了,他因为没钱而孤单地留在了这个城市迎接新年。当夜晚来临,他看着一家家亮起的灯光忽然感觉从未有过的悲伤。他坐在公园里的一张椅子上,想到自己因为没有钱,居然要在公园里孤孤单单地度过,心里难受极了。

这个时候,杰克突然看见一个老人推着轮椅从他身边走过,老人每转一圈轮子都非常艰难。"你好,累死我了!我得休息一会儿。"轮椅上的老人和杰克攀谈了起来。言谈中杰克知道,这位老人年轻的时候遭遇了严重车祸,他几乎成了植物人,医生认定他这辈子只能躺在床上了。

老人没有放弃,他花了两年时间,努力让自己的手指可以活动。又用了三年时间,让自己的左手能活动,再用了五年时间慢慢锻炼自己的右手。又花了一年时间学会了让轮椅移动。说着老人开心地转动了轮椅,骄傲地证明自己所说的。

杰克有点感动,问他是什么让他能坚持十年。老人笑了:"噢,这其实很简单。我原来是个植物人,你不觉得这很了不起吗?而我现在能自己出来散步。"杰克忽然觉得自己与老人比起来,是那么浮躁和肤浅。

于是他开始重新看待自己的生活和工作。自己接受了高等教育,这不是很了不起吗?自己找到了工作,这不也挺了不起的吗?自己能够向客户流利地介绍产品,这不是很了不起吗?

渐渐地杰克找回了积极的心态,他看到了自己的每一个进步。他把每一件小事做好,对每一位客户都认真对待,尽自己全力去完成每一项任务。杰克每天都以高兴的心情做事,脚踏实地,感激生活,珍惜机会,发愤图强。数年之后,杰克终于彻底改变了自己的命运，他已经成为那家公司的总经理。

循序渐进是快乐的前提，如果焦急浮躁，就不会快乐。一个人总想着如何成功，而不踏实做事又怎能成功？保持一颗平常心是一种责任，一种气魄，一种精益求精的心态，一种执著追求的精神。所做的哪怕是细小、单调的事，也要代表自己的最高水平，体现自己的最好风格。拥有一颗平常心，才能稳步地提高自身的素质与能力。

## 戒骄戒躁——成功者的秘诀

爬得越高就会摔得越痛，居高不可自傲，需谨慎再谨慎。

任何一件事，任何一个人都不是孤立存在的。对于整体而言，任何人、任何事都是微不足道的。只要我们放眼想象，宇宙之大、人际之繁，又有几人能够把握？相比之下，自己的才能和功绩又有什么可以自满骄傲的呢？

有些人往往忽视这一点，他们在爬到一定高位时，不是居功自傲，就是恃才傲物、盛气凌人。这些人忘记了自己的成就离不开别人的指点和帮助，更忘记了自身之外还有一个大世界。才大而不气粗，居功而不自傲，才是人生渐进的根本。

雍正皇帝登基之初，对大臣年羹尧倍加赏识并委以重用。年羹尧一直在西北前线为朝廷效力，因平定西藏时运粮及守隘之功，封三等公爵；因平定郭罗克功晋二等公；又因为平定青海有功，进一等公，给予了子爵的名誉并令其子袭。到了雍正二年八月，年羹尧在当时的朝廷里，御赐双眼孔雀翎、四团龙补服、黄带、紫辔及金币，恩宠到了无以复加的地步。连年羹尧的亲属也备受恩宠，家仆也有通过保荐，官做到道员、副将的。

# 第五章
## 循序渐进：把握好取舍平衡的尺度

年羹尧在朝廷的势力可以说到了令人生畏的地步，但是这样的情况很快就毁在他自己的手上。年羹尧得意忘形，更加骄横。他霸占蒙古贝勒之女，斩杀提督、参将多人，甚至让蒙古王公向他下跪。这一切引起了群臣对他的愤怒和非议，弹劾他的奏章多似雪片。

内阁、詹翰、九卿、科道合词奏言年羹尧的罪行，建议革了他的官职。雍正帝忍无可忍就命人逮捕年羹尧来京审讯。整个过程仅有九个多月，功高权重的年羹尧就变成了阶下囚。议政王大臣等定年羹尧罪：计有大逆之罪五、欺罔之罪九、僭越之罪十六、狂悖之罪十三、专擅之罪十五、忌刻之罪六、残忍之罪四，共九十二款。因为他平时骄横无礼，所以也没有人替他求情。

雍正有一次来到关押年羹尧的囚室传旨说："史书上所记载的不法之臣有很多，但是他们在罪行没有败露之前，都是恪尽职守的臣子。而你年羹尧骄横自大，全无忌惮。我本希望你实心报国，毫无猜疑，一心任用，但没想到你作威作福，植党营私，辜恩负德。"年羹尧接旨后羞愧难当即自杀。此案涉及年家亲属及友人，斩首的斩首、充军的充军。

年羹尧征战南北，功高权重，但是他不可一世，骄横自大，最后落得这么个下场。可见，在功成名就的时候，更应该谦让谨慎。因为爬得越高就摔得越狠。即使你才高八斗，也不要恃才傲物，不要忘记天外有天。谨慎退让是一种生存法则，更是一种领导的智慧。

东汉名将冯异驰骋沙场几十年，战功累累，是汉光武帝刘秀中兴时的杰出统帅。每次战役结束后，诸将并坐论功时，冯异为了避功，把封赏让给部下，常常独坐在大树下读书思过，因而军中称他为"大树将军"。他有帅才，却从不使气，虽战功赫赫，却仍低调做人。

更始元年,大司马刘秀率王霸、冯异等将领历尽艰险,攻城拔寨,平息了叛乱。冯异在邯郸之战中,千方百计克服种种困难,还连夜为夜宿的大军筹措粮草、熬煮稀豆粥,使将士饥寒俱解,恢复战斗力。

刘秀率军行至南宫时,正逢大雨滂沱,寒气逼人,又是冯异四处奔波,取薪燃火,供将士取暖烘衣,送上热气腾腾的麦饭,使官兵衣干腹饱,重上战场。邯郸之战,刘秀大胜。他赞扬冯异"功勋难估,当为头功"。

正当刘秀召集将领盘坐旷野、论功行赏时,冯异却独自离众,待在一棵老槐树下聚精会神地读《孙子兵法》。当侍卫连拖带拉地将冯异带到刘秀跟前时,冯异却对封赏一再推让。实在推托不掉时,他建议将此功让给属下的一名偏将,令这位偏将大受感动。刘秀见冯异淡泊功利,又赏他许多金银,冯异却悉数分给在这次作战中表现勇猛的士卒。

冯异品格高洁、才能出众。他的事迹在中国历史上传为佳话,至今也是值得我们借鉴的榜样。另一方面,冯异的这种做法,使他调动起部下来得心应手。部卒都愿意为他效力,同级之人佩服他,上司也欣赏他。

出色的才能和功绩并不是骄傲的资本,而拥有了这些之后反而更应该谦让谨慎。因为无才无能的人骄傲,人们可以说他无知而不予理会;而一个自恃有功有才的人骄横傲世,必定会遭遇妒忌和打击。所以身居高位之人更应该多一份谦让和谨慎,这样才能稳守并渐进。

居高而不自傲才是强者稳守渐进之道。有功有才之人更应该保持谦让和谨慎,因为站得高所承担的风险自然也就更大。一旦失策，很可能会遭受更大的损失。

## 循序渐进，步步为营

步步为营，招招制胜是强手无敌之道。

一位棋手曾经这样说过："在与对手过招的过程中，你的每一招都决定着你的输赢，有时候甚至没有机会让你出那么多招，所以每一步棋都得占据优势，步步为营才有胜算。"下棋如此，人生又何尝不是如此？

步步为营是强者稳健进取的一种策略，看似有些平淡无奇的举动，却包含着巨大而持久的前进力量。每走一步，都力求风险最小，而收益最大。他们会把这一策略贯彻到自己目标实现的那一天。回头再看，他们必然走过了风风雨雨。当人们感叹其超群能力之时，其实他们心中只有"步步为营"几个字。

步步为营是一种态度，小事也不马虎。认真负责小心谨慎，决策就会减少失误。在细微处了解实情，便能洞察全局，不失根本，防止大的过失。步步为营是一种策略，根据自己的水平，干些能够充分发挥自己能力的事情，这样可以不断激励自己成功。

1985年，在东京国际马拉松邀请赛中，名不见经传的日本选手三田本一出人意外地夺得了世界冠军。当记者问他凭什么取得如此惊人的成绩时，他说了这么一句话："战胜对手凭的是智慧。"

当时很多人认为，这个偶然跑到别人前面的矮子选手是在故作深沉，故弄玄虚。马拉松赛是体力和耐力的运动，只要身体素质好又有耐性就有望夺冠，爆发力和速度都还在其次，说靠智慧取得胜利实在有点让人匪夷所思。

两年后，意大利国际马拉松邀请赛在意大利北部城市米兰举行，三田本一代表日本参加比赛，这一次他又获得了世界冠军，记者又问了同样的问题。三田本一性情木讷，不善言谈，回答记者的还是上次那一句话：靠的是智慧。这次记者没有挖苦他的意思，只是更加不解。

十年后在他的自传中，这个问题得到了解答。在书中他这样写道：每次比赛之前，他会乘车把比赛的线路仔细查看一遍，并且把醒目的标志画下来，比如第一个标志是银行，第二个标志是一棵大树，第三个标志是一座蓝色的房子。

这样一直画到比赛的终点。比赛开始的时候，他以最快的速度冲向第一个目标，接着还是以最快的速度冲向第二个目标。40公里外的终点被分解为短短的很多段路程，所以轻松地就完成了整个比赛。起初，他并没有意识到这样做的作用，但当他把目标定在40公里外的终点线上的时候，跑不到一半就已经疲惫不堪了，他被前面那段遥远的路程给吓倒了。

我们不妨学一学三田本一的方法，步步为营，招招制胜，不断增强自信。没有人能说清楚这种来自内心的力量有多强大，因为它无法估量。成功可能是一个艰苦的过程，但是我们却可以把漫长的历程分解成自己的每一小步。当自己坚定地迈出一步之后，这就是一次小小的成功，鼓舞着我们继续迈出下一步。当每一步都走得漂亮，成功就在前方招手。

步步为营是强者稳健进取的一种策略，也是一种认真负责的态度。它在不断增强我们的信心和能力。走好了每一步，走完漫长的旅程就不在话下。

## 急功近利，功败垂成

人生路漫漫，要想走得远，先迈好一小步。

努力做好自己眼下所有的事情也是一种成功，但是这常常是不容易做到的。因为人总是有着强烈的求胜欲望，总希望能实现更大的目标，这就容易忽视眼前的事情，而且在追求目标变为结果的过程中，急切地追求蝇头小利，而不顾大局的根本利益，这都称之为急功近利。

古语讲，欲速则不达。急功近利是成就大事业的绊脚石。急功近利者，很可能是戴着有色眼镜的人，他们往往目光短浅，一叶障目，不见泰山，只要一闻到芝麻的香味，就会忘记西瓜的甘甜。

只看到目前的状况，只看到暂时的贫富盈亏，头痛医头，脚痛医脚，这些都是急功近利者的行为方式。为了摆脱眼前的状况，就可以不顾未来的利益；为了求一时的痛快，就以长远的利益为代价，到最后才发现这些其实得不偿失。

那些能够有所成就的人，并不一定拥有伟大的志向，他们只是能把一些简单的事情做到最好。他们不会怀疑和抱怨，也不希望自己现在所做的小事能够给自己带来多大的利益，而只是尽自己的能力做到最好。现实中，这样的人常能够得到别人的重视和命运的垂青。

有学生去问哲学家苏格拉底，怎么样才能修学到他那般博大精深的学问。苏格拉底听了并没有直接回答，只是说："今天我们只学一件最简单容易的事情，每个人把胳膊尽量往后甩，然后再尽量往前甩。"说完哲学家自己示范了一遍："从今天起，每天做 200 下，大家能做到吗？"

学生们都笑了，认为这么简单的事情有什么做不到的。他们不知道老师要他们这么做的意图是什么，很多人把哲学家的话当成了玩笑。过了一个月，哲学家忽然问大家，有多少人坚持了下来。有九成的同学举起了手，脸上充满了得意的表情。

"很好，那么请大家继续坚持。"同学们有点迷惑了，为什么老师有这么奇怪的要求。过了半年时间，几乎所有的同学都忘记了半年前老师交给大家的每天甩胳膊的任务。当苏格拉底再问起还有多少人坚持每天甩200下胳膊的时候，学生们都沉默了，因为已经没有人还记得半年前自己的承诺了。当大家都低头沉默的时候，整个教室里只有一个人举起了手，这个学生就是后来成为古希腊另一位大哲学家的柏拉图。

　　一个能将计划进行到底，并不被周围其他因素影响的人，必定有所成就。那些唯利是图、朝三暮四的人，虽然忙忙碌碌可到头来还是一无所有，所以做好眼下的小事，不应该受任何干扰，更不能急功近利。为了一点利益而放弃自己的计划，到头来损失最大的还是自己。

　　一个不能把小事做好的人，不可能成就什么事业，一屋不扫何以扫天下？只有把眼前的事做好，才能做更多的事情。在小事中可以锻炼自己，在具体的行动中不断增强自身能力，也许不知不觉，我们已经成长。

# 第六章

## 懂得取舍：放弃的魅力

> 舍既然是一种战略战术，就会有它的智慧和哲学。舍不是逃跑，战略性的舍必须秩序井然、有条不紊、不慌不乱。在退却中要把损失和伤害降低到最低，更要为将来留下机会，为他日东山再起留下伏笔。

### 该放弃时就放弃

明察安危，对祸福的来临冷静对待，谨慎取舍。

庄子借北海之神的口气说："懂得道的人，一定能通达事理；通达事理的人，一定明理而随机应变；明理而随机应变的人，不会受到外物的伤害。道德崇高的人，火不能烧他，水不能淹他，寒暑不能损伤他，禽兽不能伤害他。"庄子把随机应变的智慧阐述得十分透彻：这段话有两层含义，一方面承担哪些责任和义务，另一方面放弃哪些欲望和压力，这样的人才可以说是领会了取舍的精髓。

人来到这个世界，面临的首要问题就是生存。要生存，就必然遇到竞争；只有那些能够量力而行、适时取舍的人，才能成为生活的强者。我们每个人身上都背负着沉重的压力。如果没有压力，就没有活力。承担该承担的，放弃该放弃的，这就是生活的智慧。

生活需要我们明察安危，对祸福的来临冷静对待，谨慎取舍。

如果我们能够把物欲、名位的得失放开、看破，使自己安于淡泊俭素、不求闻达的生活，承担那些生活中不可避免的压力和挫折，心情自然就能安静了。

一位女大学生，快毕业了，利用寒假在沿海城市找工作。大学生就业的压力比较大，这位女大学生到处抱怨"找不到工作，压力很大"；后来她在深圳的一家外企找到了工作，并一直工作得很努力，后来当上了设计主管，属于高级白领，是许多人羡慕的对象，她却常常对人说："在外面打工，压力实在太大，我都快承受不住了。"

她非常羡慕在大学当讲师的同学。上上体育课，业余写写文章，她觉得同学的生活逍遥自在，收入也算不错，而且既有双休日，又有带薪休假的寒暑假，其乐也陶陶，于是经过同学介绍到了大学工作。实际上，大学教师的压力也无时不有，无处不在。评职称、拿学位、人际关系种种压力迎面而来。经济和精神的双重压力，重重地落在她的双肩上。

这时，我们应该明白压力无处不在，没有人能逃开压力，只能勇敢地挑起担子，别无选择。所以，只要我们选择活着，就注定要承受生存所带来的各种各样的压力，如升学、就业、晋级等，不胜枚举，不一而足。

我们需要正视压力，学会承受压力，但是在日趋激烈乃至残酷的生存竞争中，有的压力必须懂得放弃，因为压力过重就会成为负担，甚至把我们压垮。当过运动员或看过运动员训练的人都知道，为了增强腰部和下肢力量，运动员常在教练的指导下做一种压杠铃的负重练习。通过压杠铃的练习，运动员的力量尤其是腰部和下肢力量会迅速增强，奔跑和跳跃的能力会突飞猛进。当然，杠铃的重量一定要适当，轻了效果甚微，重了运动员受不了会闪到腰，而且杠铃重量的增加也要因人而异，循序渐进。

压力，就像运动员平时训练用的杠铃。每天都压压杠铃，才有足够的力量奔跑和跳跃，记得时时调整你杠铃左右两边的杠铃片。适当地背负一些压力，既能锻炼个人的能力，也能促进社会的发展和进步，但压力过度，突破了身体和心理的极限，就会使人身心俱损，甚至彻底崩溃。当你感到实在承受不了的时候，就得及时放弃，学会给自己减压。

人生的道路千万条，压力也会千变万化，我们只有该放则放，该止则止，才不至于总因目标过大实现不了而痛苦不堪。只有两碗饭的肚量，却硬是要自己每餐吃三碗，这样能不难受才怪。只能挑一百斤重的担子，却硬是要挑起两百斤，这样不受伤才怪。

同样的道理，明明做不到的事情，你偏要去做，你一定会被生活压得喘不过气来。

《左传》曰："度德而处之，量力而行之。力能则进，否则退，量力而行。"唐朝吴兢在《开元升平源》里亦云："朕当量力而行，然后定可否。"由此看来，"量力而行"的意思是，有多大的能耐，就做多大的事，切勿勉强。

我们看到过仅有一腔热情的青年，他们号称疯狂地热爱自己的事业，相信只要自己努力一定能成功。但是，如果没有很好的嗓音条件和音乐素质，就最好不要去做当歌星的梦；如果没有很好的身材，就最好不要去做当舞蹈家的梦；如果连简单的句子都写不通顺，就最好不要去做当文学家的梦；如果并不具备出色的运动天赋和身体素质，就最好不要去做当奥运冠军的梦。

所以，要正确地估量自己，该放则放、该退则退，不要去做自己力不从心的事情。"盈则满，花至半开，酒至微醉，是为最佳。"凡事要努力，但不要尽力，尽力就会身心俱损，得不偿失。

做自己无法胜任的事情，无疑是自找苦吃。有时候放弃能找到轻松快乐的生活节奏，只有放弃才能收获真正属于自己的那份成功。把一些无谓的痛苦扔掉，快乐就有了更多更大的空间。

该放则放，该退则退。承担自己的责任和义务让生命更充实。

## 小损失换来大收获

壁虎漫步，若遇了险，则会自断其尾。掉落地上的尾巴尚能抖动扑腾，吸引敌人的眼球，而它早已逃逸隐藏，不知去向。过几日，尾巴便又重生。人总以为眼见为实，然而眼见的，很可能只是一种假象，真相是乘机溜走。随着"仿生学"的发展，壁虎逃生自保的伎俩便被人学习发扬了。

断尾其实是一种假象，这种看似惨烈的牺牲背后，隐藏的是求生的欲望。如果不懂得在关键时刻断尾自保，必定会惹来灾祸。在与对手的抗衡中，如果不幸处于劣势，而坚持只是垂死挣扎时，那么就应该手起刀落，把自己的"尾巴"给断了，这样才不会让对手抓住把柄，以此保全自己。

刘邦初定天下，封萧何为宰相，一时之间，有不少人都登门向萧何道贺，唯有一个叫召平的人提醒萧何："你的灾祸可能会从此发生。现在皇上离开京城，率兵打仗去了，加封你为宰相，掌管护卫兵，一方面是为了讨好你，另一方面也是为了警戒你。如果你现在辞退加封，献出自己的财产做军费，皇上一定会很高兴，也会减少心中的疑虑。"

萧何仔细一想，认为有理。于是，他照着召平的建议去做，把自己的子弟送到军中随刘邦作战，又把自家的资财捐输前方做军费，高祖果然高兴。

黥布叛变的时候，高祖亲自带兵去讨伐。留在后方的萧何则

## 第六章
### 懂得取舍：放弃的魅力

全力抚慰百姓，巩固民心。有人见他这样投入、勤恳，非常担心，就劝他说："相国小心一家人遭杀身之祸啊！自从你入关十多年来，收揽民心，人们打心眼里敬重你，陛下知道你是众望所归，所以常常派人打听你的动向，唯恐你忘恩负义背叛他。你如果想保全家人的性命，从今天开始就要破坏形象。"萧何觉得非常有理，马上就贪赃枉法一把，然后欺男霸女。大家纷纷向刘邦告状，说萧何简直不像话，做了这么一些事。刘邦听了以后说原来萧何也不过如此，他没有什么抱负，这个人我是能够搞定的。于是萧何就还是当他的丞相了。萧何是个非常有脑子的人，他两次把自己从危机中解脱了出来。第一次他牺牲了自己的一些利益，第二次他甚至牺牲了自己的名誉。然而这样的牺牲为的就是保全自己的性命。和性命相比，金钱和名誉又算什么？它们只不过是身上的一条"尾巴"而已。"尾巴"是一种伪装，有时候我们故意断给别人看，让别人觉得自己必死无疑了。为了能让别人信任，我们就得让人知道尾巴对自己很重要。当然，更重要的一点是不能让人识破是为了自保而断尾的，否则这一策略就失去了意义。

王翦被秦始皇封为大将，统帅兵马60万，继李信、蒙恬之后，再次兵讨楚国。秦始皇亲自送他到灞上，王翦临行前请求赐给他极多的良田屋宅，秦始皇说："将军已出兵，何必忧愁贫穷呢？"王翦说："当大王的部将，即使有功亦不能封侯，故趁大王现在信任我的时候，臣要及时求赐园地以作为子孙的产业。"秦始皇大笑。

王翦的军队到了关口后，又五度派使者回朝廷请求赐给良田。有人说："将军的请求，太过分了吧！"王翦说："这话不对。秦王粗暴又不信任人，如今倾尽全国武装士兵，全数交付我，我不多请田宅作为子孙基业以稳固自家，反要让秦王怀疑我吗？"

这就是王翦自保的策略。

王翦为了不让秦始皇怀疑自己有更大的野心，宁愿让他认为自己是个贪图荣华的人。他宁愿牺牲一点形象，也不愿意让自己处于被其猜忌的危险中。断尾求生有着丰富的含义，一方面可以让自己不木秀于林，另一方面也可以舍小得大。

这就是说，当危险不可逃避的时候，就应该勇敢地断尾求生。牺牲一点小利益可以防止受到更大的打击。当自己处处得意的时候，也得想着断尾以求自保，为的是不让别人抓住把柄。

## 功成身退，完美谢幕

功成身退，全在于知足知止。

事业上的成功是我们追求的目标，但是当事业、功绩真正发展到顶峰时，应该知道怎样去妥善对待，正确处理，即使不急流勇退，也要避祸有方。

功绩有时候却是一种危机。"功高震主者身危，名满天下者不赏。"这可以从历代君主多半都杀戮开国功臣看出。因此，功成名就之后，一定会遭受他人的嫉妒和猜疑而惹来灾祸，只有功成身退的人才能防患于未然。

《老子》说："功成身退，天之道也。"一个人不论拥有如何完美的名誉、节操或遇到任何好事，都要怀有一颗退让之心，要懂得功成身退。否则轻的会招致他人嫉恨，重的会惹来小人暗算。也许很多人在得意的时候，根本想不到身退心退，或者是身退心不退。其实，世事变幻无常，难保出现什么危机。功业既成，引身退去，应当是合乎自然规律的。

自然界中有着很好的规律，花开了，结了果，成功了，也就该退了。老子对人生的观察是智者的深邃，这在于他看到人生深层中的人性内核。人莫不爱财慕富，贪恋权势，但是放眼历史上，名利谁能守得住？历史给人们许多启示。

历朝历代，有多少英雄豪杰能够功成名垂、保持晚节、全身而退？大多都是在稍有成功、事业稍大时，便自满得意，骄矜无忌，贪得无厌，树敌无数，惰怠荒废，随心所欲。他们不知道谨守不失的道理，更不知道功成身退的意义。要想功成身退，全在于知足知止。知足知止，才知道前行的危机和艰难，就能战战兢兢，诚惶诚恐，如临深渊，如履薄冰。

无锡太湖有一处著名的风景区，叫蠡湖，还有一个有名的蠡园。据说当年范蠡帮助勾践灭了吴国后，就带着西施从这里坐小船向太湖漂流而去。他"功成身退"了。历史上范蠡是功成身退的正面典型人物。还有张良，他在辅助刘邦成功以后，智慧地功成身退，选择了出走。历史上也有不能功成身退的反面典型人物，秦朝李斯就是最著名的一个。

李斯贵为秦相时，"持而盈""揣而锐"，但他最后以悲剧告终。在临刑之时，对其子说："吾欲与若复牵黄犬，出上蔡东门，逐狡兔，岂可得乎？"他临死时的醒悟，渴望重新返璞归真，过平民生活，但已不可能了。中外历史上不知有多少人也曾经有类似的后悔。

应该说，"功成身退"表现出一种对于历史的前瞻性，以及对于自己生存环境清醒的、睿智的把握与预测。"功成身退"的现象不仅中国有，其他国家也有。

比如美国汽车大王亨利·福特，"功成身退"也是他人生的成功智慧的一部分。在40岁时，他成功地推行薄利多销的经营策略，创造了福特公司日产汽车7000辆的辉煌，但福特在中年以后就退隐了。

他在故乡建造了一个住所,在那里和家人一起过着清闲的日子。他在这安静、惬意的农庄度过了32年舒服的日子,一直到83岁才去世。这位当时在美国数一数二的巨富,家庭生活却令人难以置信的俭朴,据说只用5个仆人和半个洗衣工人,但他曾以700万美元捐助一所医院,又降低货价,提高工人工资、红利,收容伤残,福特公司收留的残疾工人近万名。

当然"功成身退"并不一定要引身而去,比如到深山老林里,或者雇一条船在太湖里漂啊漂,隐匿形迹。如果这样拘泥,就是不能圆满解读这种智慧了。即使有了大功劳也不居功自傲,不摆老资格,不吃老本,不自我膨胀,其实也是一种"功成身退"。你不张扬,更不嚣张,不飞扬跋扈,人家当然尊重你,还记着你昔日的功劳。

功成身退才能为自己的人生画上完美的句点。人生高峰的美景虽然令人留恋,但事事都有由盛到衰的规律,没有人能永远处于高峰。懂得取舍之人更能拥有完美的人生。

## 敢于取舍迎好运

鱼和熊掌不可兼得,取舍之后才能找到退路。

生活中,有时不好的境遇会不期而至,使得我们猝不及防,这时要学会取舍,只有取舍之后才能找到退路。如果不能取舍,焦躁性急,就不能安然地接受生活的转机。没有人能够抵抗生活变化的趋势,盲目坚持只会让自己事事艰难。

人之一生,需要我们取舍的东西很多。如果不是我们应该拥有的,就要学会取舍。几十年的人生旅途,会有风风雨雨,有所得也必有所失。只有学会了取舍,才能拥有一份安然祥和的心态,才会活得更加充实、坦然和轻松。也只有在取舍了之后,才能清楚地分辨哪条才是自己全身而退的路。

清朝乾隆帝时，和珅富贵无比。他是首席军机大臣，又兼管吏、刑、户三部事务，是真正的一人之下、万人之上的人物。他积累的财富到了连皇上都不敢想象的地步，但是最后还是没落一个好下场。嘉庆帝即位后，不满和珅的所作所为，只因乾隆帝还宠信他，嘉庆帝也只好将和珅留任。其实这个时候，如果和珅能够知难而退，结果就不会那么惨。因为不能放下对权势和财富的欲望，和珅铤而走险。

虽然表面上嘉庆对和珅敬重有加，但是为了压制和珅的势力，嘉庆帝准备将自己的老师、两广总督朱珪调回朝中，予以重用。和珅听到这个消息，马上有了警觉，他对自己的心腹说："皇上要任用自己的老师，看来他并不是真正信任我啊，这是个危险信号，我该怎么办呢？"

他的心腹说："一朝天子一朝臣，这是很正常的事，无论你怎样讨好皇上，他还是把你当作外人，看来只能阻止皇上的行动了。"

和珅听从了心腹的意见，认为凭借自己的实力和乾隆对自己的信任可以化解这一危机。这时，和珅的另一位亲信劝他不要如此行事，他说："太上皇年事已高，时日无多，一旦太上皇不在了，你就再无依靠了。你现在即使能阻止皇上的任命，也只能招来皇上的嫉恨，皇上日后一定会报复你的。依我之见，皇上既然不喜欢你，你也只有隐退才能避祸，此事要当机立断，越早越好，只怕稍有犹豫，就要悔恨莫及了。"

和珅心中惊慌，但还是做出一副镇定自若的样子，说："皇上离不开我的才能，他纵使恨我也不得不用我啊。我要先给他个下马威，让他不敢对我下手。"于是他走了一步得罪嘉庆的损招。

和珅诬告嘉庆帝讨好自己的老师，使乾隆帝制止了嘉庆帝对朱珪的任命。

嘉庆帝本来就对和珅心怀猜忌，现在更加厌恶，暗下决心日后一定要把和珅扳倒。于是乾隆帝刚死，他就马上除掉了和珅。

一个人从建立的功业中得来的荣华富贵，就像栽在花盆中的花一样，因移动或环境变化而凋谢；若是靠权力霸占或谋私所得，那这富贵荣华就会像插在花瓶中的花，因为缺乏生长的土壤，马上就会枯萎。这就告诉我们，靠功名、机遇求得的福，千万要警惕，它们不是不能长久，转瞬即逝，就是意味着灾难，伴随着毁灭。只有那些懂得取舍的人，才能领悟个中道理，保住一生平安。

取舍之后，前方的道路才能顺畅，迷雾也会渐渐散去，退路才能渐渐得明显。取舍了不必要的欲望，才能保全自己的利益，才不会因为贪婪而失去退路。

人生就像在列车上的一次长途旅行，到了站点，你就必须下车。沉迷于过往的人将永远生活在痛苦和遗憾之中。杨绛在《干校六记》中所记述的，就是面对人生际遇所保持的一种适度的超然。让自己对生活，对人生有一种超然的关照。即使我们达不到理想的境界，也要学会在取舍中，找到自己的后退之路。

## 舍我所恶，爱我所选

只有懂得取舍，才能作出正确的选择。

所谓退让变通之法，是在处理各种事物时要善于变化和选择，而不是墨守和拘泥，逢大势不践小诺，处大事不拘小礼，从而达到变则通、通则灵、灵则达、达则成的理想效果。选择就是听从自己的内心，找到自己真正喜爱的东西，而这一切只有在学会取舍之后才能做到。

## 第六章
### 懂得取舍：放弃的魅力

杰克曾经是一位小有名气的演员，因为拍了一则成功的广告，他踏进了演艺圈，很多人上门找他拍戏。一时间，他的演艺前途颇被看好。不过，杰克很快就发现这些并没有让自己感到快乐。两年之后，他离开了演艺界。

因为杰克发现演艺事业并不适合自己，他讨厌每天装出一副很开心的样子，他一心想找出未来的方向。杰克常常在天黑之后，一个人跑到海边钓鱼、发呆。有一天，他独坐海边，远远地望着对岸市区内的灯火，心里突然有一个声音出现："我这是在干什么？难道一辈子老死在这里，无所事事？不如去开餐厅吧！"

杰克立即在脑海中搜索，从小到大自己最喜欢的事是什么？"吃"是杰克认为最有意义的事，他一向是家里的烹调高手，没事时可以一整天待在厨房里"研发"。当自己所做的食物得到别人肯定时，是他最得意和满足的时候。他把这个主意告诉了朋友和亲人，每个人听了之后都哈哈大笑："那也许是个好主意，但是不适合你，你是个明星啊。"

杰克还是决定放下这些压力和虚荣，紧锣密鼓地展开他的创业大计。一面找人筹募资金，一面到大学选读会计、营销课程。不久，他的概念式泰国餐厅开张了，杰克负责的职务从洗碗、配菜、打杂到掌厨，几乎全套包办，一旦忙起来，每天工作十几个小时，下班回家还抱着食谱继续研究，非搞到深夜才罢休。

看他这么投入，朋友忍不住问他："你为什么做得那么辛苦？"杰克回答："因为我找到了最爱。"在他来看，做菜不仅是一门艺术，也等于在实验室里做实验，只要放入各种元素，就能产生千变万化的结果，乐趣实在太大了。

其实很多人都在抱怨自己的工作乏味无聊，但是不曾想一想，这份工作是自己选的，你应该热爱它。如果你真的那么讨厌现在的工作,就应该取舍。你不喜欢这份工作,只是为了"钱"而不得不与之为伍,10年、20年之后,有一天你可能会猛然发觉,自己的人生竟然如此贫乏,耗尽半生光阴却没有做过一件令自己快乐的事。这时候再想取舍已没有机会。

所以你可以选择取舍,舍去那些让你人生无味的事,而找到那些让你兴致勃勃的东西。对,那就是你所喜欢的,你应该选择它。如果你选择自己喜欢的事去做,即使赚钱不多,却乐此不疲,结果常常出乎意料。

比尔是两家规模不算小的企业的董事长,但是当他发现自己更喜欢演艺事业之后,却放着老板不当,半路出家演起舞台剧。舞台上的比尔是个十足的耍宝大王,非常放得开。据说,他曾经有过"让观众从椅子上笑得摔下来"的记录。很多人都觉得比尔只是基于好玩,不会长久,有的朋友更认为他是在作践自己。开始他只是应邀在太太参与的妇女社团中反串,男扮女装演蝴蝶夫人、老岳母等角色。有一回,他在台上表演,台下在座的来宾中正好有一位著名导演,他"发掘"了比尔的表演才华。

比尔的处女作是参与表演"厨房闹剧",他在剧中饰演一名银行家,角色颇具喜剧感。比尔兴致勃勃地邀请一些企业界的朋友前去观赏,有人对他的演技大加赞赏。

比尔没有在意别人怎样看他,他辞掉了公司的职务,做了一个专业的演员。他说自己的玩心很重,经营事业和演戏这两件事对他来说,前者是副业,后者才是正业。他不讳言演戏让他得到更多的成就感。

不像很多企业家那样一心只想追求利润,扩充事业规模,比尔自称是个没有什么企图心的人,"我只想让自己快乐"。他观察到,企业界老板中不乏把事业摆在第一位的工作狂,但他认为,即使自己每天玩命地工作十几个小时，业绩增长充其量不过5%~10%而已，个人生活却彻底被牺牲了，所以比尔作出了自己的选择。

杰克和比尔都得到了自己想得到的东西。他们两人的事业本来都有一个前途无量的开始，如果陶醉在这"前途无量"的事业里不知道取舍，也不懂选择，他们最终可能只是一个三流演员和一个焦头烂额的小老板。

作出选择的确很难，不会有人告诉你如何选择好坏、对错，而且需要取舍很多原来所拥有的东西，但是只有舍掉了那些其实并不重要的东西，才能找到真正想要的。唯一衡量舍弃还是坚持的标准就是一旦你感觉兴味盎然，那就对了。如果你愿意为了这件事每天迫不及待地全力投入，那么距离美梦成真就不远了。

人生本来就需要选择，但是一定要作"对"的选择，秘诀就是"择你所爱，爱你所择"。只有懂得取舍，才能作出正确的选择。如果没有取舍的勇气，只能整天把自己的梦想压抑在贫乏和挣扎的生活中。

选择就是听从自己的内心，找到自己真正喜爱的东西。人生本来就需要作选择，只有懂得取舍，才能作出正确的选择。

## 急于求成不可取

失败是成功之母，成功是失败之父。

很多时候失败的原因不是挫折和磨难，而是自身的疯狂和膨胀。因为不懂得取舍，不懂得退让，一意孤行最后到了疯狂的地步，这时距离灭亡就不远了。上帝让谁灭亡，必先使其疯狂。

接连取得成功会让我们陷入疯狂扩张的迷局。这时候越成功，离失败就越近。我们大家都熟悉一句励志名言："失败是成功之母。"

这句话反过来思考,我们就得出了另一句警世名言:"成功是失败之父"。这句话用在德隆的身上是再合适不过的了。

德隆金融帝国创业于边城乌鲁木齐,奔走于政治中心北京,再落户金融中心上海。德隆如一架高效率的战车,一路收购,一路斩杀。其气魄之大,令人惊异。然而,辉煌之际也是陨落之时。就在人们还在炫目于德隆的光彩时,顷刻间,德隆战车倾覆。华融全面托管,高层被拘。德隆帝国像失控的战车一样走向崩溃。

德隆的唐氏兄弟创造了众多的经济概念:产业整合、全球并购、资产共享、资产改善、资产创立、资产裂变、投资项目模拟试验等。

他们从其初期整合的水泥产业开始,从大汽配到重型卡车,从电动工具到园林工具、数控机床,涉足汽配、水泥、矿业、食品、现代流通、旅游、金融等产业。到后期,德隆参股的公司多达177家。他们所带领的德隆公司成为无所不能的全能企业。

但是,问题很快就出现了。一方面由于战线拉得太长,产业投资回报周期长短搭配不当,持续的并购和后续管理费用都只能靠融资解决,财务成本越来越高,最终带给德隆的是巨大的资金压力。德隆旗下数百亿元产业链每年大约能产生6亿元利润,但这笔钱用来偿还银行贷款还紧张,再加上德隆每年产生的巨额管理费用和民间拆借资金成本,德隆的现金只能是入不敷出。

另一方面,盲目扩张,没有依托主业,没有培育主业的核心竞争优势,没有处理好如何多元化和调整多元化结构的问题是德隆失败的根源。盲目地扩张,这一方面使其能够迅速做大,但是另一方面由于其所迈进的新领域不能迅速赢利,不仅使金融业务深受其累,而且使实业也深受其累,一旦资金管道枯竭,实业也随之消亡。

唐氏兄弟曾在上海德隆大厦踌躇满志、运筹帷幄,而今唐万新因非法吸收公众存款罪被判处有期徒刑 6 年 6 个月，并处罚金 40 万元；因操纵证券交易价格罪，被判处有期徒刑 3 年；决定执行有期徒刑 8 年，并处罚金人民币 40 万元，给世人留下一个凄凉的背影。

《财经》杂志评价德隆的领导人：一个清醒地制造危机的赌徒，一个梦想把火山化作金矿的狂人。德隆的失败，可以说是给那些野心勃勃的人敲响了警钟。我们大多数人都存在着"做大做强"的情结，但是不要忘记，这一情结容易变成一个个解不开的"死结"，成为一个个陷阱，牢牢地拴住我们不能前进，使我们在博弈中身陷困境，受缚其中，不得解脱。

我们的精力有限，时间有限。如果想得到的东西太多，就需要更多的精力和时间，这必将大大增加自己的压力，而这样的压力对我们作出明智的决策无疑会造成更大的困难和风险。

德鲁克曾说：一个企业的多元化经营范围越广，协调活动和可能造成的决策延误就越多。所以，盲目扩张绝非明智之举。

## 识时务者得快乐

退一步，退回生活的轻松和平衡，才能找回自我。

退一步，不再处心积虑地考量自己在别人眼中的分量，得来的竟是自信与平和。如果我们不知道放下包袱和压力，只会陷入一种恶性循环之中，越想成功却越让自己失望。如果不把心态放平和一些，即使自己很优秀，也没有必要急于得到肯定。太在意别人的看法，即使是再优秀的人，也不见得就能适应竞争。

张琳在别人眼中属于那种"学历高、形象好、工作好"的女孩。她是单位的第一位女博士，几乎所有人都关注着她。

刚参加工作的时候，领导赋予她很高期望。每次她做好了，大家觉得是应该的，从来没有给过鼓励，但是一旦她做得不那么理想，就会听到"你还是博士呢，连这个都做不好""还博士呢，比某某差远了"之类的声音。

因为长得漂亮，又是单身，她的个人问题也被关注，一点小事就被传来传去。她谈恋爱不敢公开，有追求者也怕别人知道，就算是这样，还是有人说"她要求太高，找男朋友一定要有车、有房、有型、有款，现在她挑人家，以后就人家挑她了"，"她很花心，趁着年轻时候玩，所以还没有固定男友"之类的流言。其实她每天下班后就是待在宿舍看书、上网，根本没有他们想象的那些丰富多彩的私生活。

张琳觉得非常委屈，不管是生活、工作都背负了很多莫须有的坏名声。好不容易谈恋爱了，她却有一种莫名的紧张，完全表现不出真实的自我，每每想说、想做什么都忍住，到分手才发现是因为沟通不够。她感觉自己进入了一个怪圈，越是感情受挫就越自卑，越自卑就越不敢轻易开始下一段感情。

张琳外表纤弱，性格也变得内向，郁郁寡欢，总有一种和同事们"老死不相往来"的架势，她在躲着别人。没多久，她就离开了公司。

学历高、形象好、工作好，作为"三高"女孩，本应得到人们的羡慕，但她却经常感觉自卑。谈恋爱时不敢主动与对方沟通，有什么想法憋在心里；工作上拼命努力，只怕辜负了领导的期待。

其实身为"三高"女孩是幸福的事情，漂亮是老天爷的眷顾，高学历则是依靠自己的努力，根本用不着自卑，应当骄傲才是。即使真做错了什么事，也用不着过分自责。须知犯错误也是成长必须付出的代价。有一句玩笑话，"只有死人才不犯错误"。

张琳的问题在于不懂得放下一些不必要的压力，不知道让自己往后退一步。自己的优势不应该成为负担，错误并不是不可原谅，只要她能积极地和人交流，就可以开始完全不同的生活。

被理解、被照顾是每一个人的正常心理需要，即使是非常强大的人，也会有不为人知的软弱之处。这也算强者的一种悲剧。

要避免这种悲剧，就要懂得改变生活态度。谁都不可能永远是强者，强者也有脆弱和迷茫的时候。有时，换一种心情，换一种生活态度，人生是可以以退为进的。在不经意间，便放了自己，也成全了别人。

太在意别人对自己的看法，又非常要强，有时还喜欢钻牛角尖，这些虽然不是什么缺点，但不能不说是人的性格缺陷。如果过分地看重别人的话，那就要调整一下，让自己后退一步。

让自己退一步，正确看待别人对你的评价，不要看得太重也不可掩耳不闻。如果觉得说得有道理，就欣然接受，毕竟现在说真话的人并不多。别人对你的看法并不符合事实，或者在有些人出言不逊时，大可不必往心里去，一笑置之即可。

放下自己的包袱，保持一种平和的态度。平时要开朗一些，心中有想法时要多和人沟通，说出自己的压力和苦处又何妨？这样更可以换来别人的理解和支持，也可以让自己找到继续前进的力量。

## 不懂取舍将自取灭亡

取舍是一种智慧，无欲则刚是一种哲学。

我们都知道围棋是中国的发明，其中蕴藏着中国人的智慧。作为一个高手，往往能从大局出发，不争一子之得失。想要赢得一场战役的胜利，必须着眼于长远，走一步看三步，甚至更多，有战略布局造势，有策略设圈埋伏。如果只从局部出发，只是占一点小便宜，走一步看一步，无长远之眼光，为争一子之得失往往陷于对手的圈套，损城失地，直至输棋。

棋局是这样，人生又何尝不是？取舍是一种智慧，也是一种胜利的策略。争一步不如退一步。我们总是犯这样的错误，为了一点小小的利益，往往会搭上自己的"性命"，所以从这个角度来说，让一步往往比争一步更具强大的力量。让一步可以体现出更伟大的气魄和人格，而同时也是一种策略和智慧，为的是更伟大的目标和更长远的计划。

在印度南部的马哈丛林里，人们捕捉猴子的狩猎工具很简单：在一个牢固但透明的盒子里装上猴子特别爱吃的核桃，盒子上方开一个小孔，刚好够猴子的前爪伸进去，但它抓住核桃后就抽不出来了。聪明的猴子常常中计而被猎人抓获。其实猴子很容易就可以逃生，那就是松开前爪，舍弃核桃。

人们可能会嘲笑猴子因为不肯弃舍一个核桃而搭上了性命，我们自己不是也常常因为不肯舍弃一些虚无缥缈的"名利"而烦躁不安吗？有时我们会抱怨待遇偏低，可是有没有想过，自己的付出到底是不是物有所值？有时我们会抱怨压力过大，可我们是否想过，这压力又是从何而来呢？仔细地想一想，细究一下深层次的原因，主要还是为名所累，为利所困。

名利之心其实是一种短视的结果，因为他们认为名与利能给自己带来更多的好处，其实忘记了自身的发展，只追求名利，往往只会是杀鸡取卵。短视的人不可能拥有成功，他们总是把成功扼杀在摇篮之中。

有两棵大小相同的树苗，同时被主人种下，也被一视同仁地细心照料着。两棵树成长的情况并不一样。

第一棵树拼命地吸收养分，一点一滴储备下来，仔细地滋润

## 第六章
### 懂得取舍：放弃的魅力

身上的每一根枝干，慢慢地累积能量，默默地盘算如何让自己扎扎实实、健康茁壮地成长。

另一棵树也非常努力地吸收营养，不过它追求的目标与第一棵树不同，它将养分全部聚集起来，并使劲地将这些养分推至树端，一心想着如何让开花结果的时间提早来到。它知道只有长出果子才能得到主人更多的照顾。

第二年，第二棵树开始吐出了嫩芽，不过它却迫不及待地挤出了花蕾，似乎随时都可以开花结果。这个景象让农夫非常吃惊，因为第二棵树的成长状况非常惊人。只是，当果实结成时，由于这棵树尚未长成，却提早承担了开花结果的责任，因此一时间吃不消，把自己折腾得累弯了腰，以至于所结的果实更是因为无法充分吸收养分，比一般正常的果实酸涩。再加上它的体型矮小，许多孩子都喜欢攀上树端嬉戏玩乐，并且拿那些还未成熟的果实游戏。

时日一久，在身心受创的情况下，这棵树逐渐失去了生长的活力。

第一棵树虽然没有结果，开始的时候也不被看好，后来却越来越茁壮，在经年累月的耐心等待之后，终于花蕾绽放。由于养分充足、根基稳固，结成的果子也比其他的树更大更甜，而那急于开花结果的第二棵树却日渐枯萎。

我们要学那棵舍了结果，以时间换空间的大树。它懂得暂时舍弃眼下的利益，而默默地成长着。第二棵树为了得到人们的垂青却舍弃了成长的机会。这就是舍大得小的愚笨行为，也是不懂得取舍的短视。

取舍是一种智慧，无欲则刚是一种哲学。勇往直前、百折不挠固然可喜，但有限的生命难以承受太多的重量，人生不可能永远负重前行。舍弃了一些东西之后,人生才能更加洒脱,所以适当退让、学会取舍更是一种智慧。其实合理的退让是一种洒脱,是一门学问;适当的取舍是一种豁达,是一种人生的领悟。

## 不要过分地追求完美

帆只扬五分,航船便能安稳;水只注五分,器具便能稳定。

退让意味着残缺,但残缺并不一定是败笔。缺陷常常是事实,但我们总是希望一切都能圆满、一切都能做到最好,于是生活中竟全是遗憾。其实如果我们能够坦然地面对残缺,接受并发现它的意义,缺陷又何尝不是一种美丽?

世事都追求完美本身就是一种不完美。有时抱着一点残缺才能心安理得,乐在其中。如果处处追求圆满,到了人生终结之时也难有圆满的境界。

我们不妨学习一下抱残守缺的法则。所谓抱残守缺,就是对待一切事,都不苛求它的圆满,不妄想它尽如人意,而以不圆满为圆满、不完全为完全、不如意为如意。

上自帝王将相,下到平民百姓,在人生中不是有这种缺憾,就是有那种缺憾。它清楚地表明,人生没有缺陷是神话,拥有缺陷才是现实。天才也有缺陷。不懂得缺陷的真义,就无法领悟这个世界的另一面。

帆只扬五分,航船便能安稳;水只注五分,器具便能稳定。韩信因勇略震撼刘邦,所以被害;陆机因才名盖世,所以被杀;霍光的失败在于以权势威逼君主;石崇的死亡在于拥有的财富太多。

凡事留一点缺陷,做事留一点余地,千万不能困在圆满中走向极端。如果事情太圆满,应该自我减损,自我抑制,以便留下

# 第六章
## 懂得取舍：放弃的魅力

一个缺口。陶朱公三次积累千金而成巨富，但最后都散尽家财，就是明白了这个道理。

《书经》上说："谦受益，满招损。""谦"字亦可解释为"欠"。万事欠缺一点，如喝酒一样，欠一杯就蛮好，不醉了，还能惺惺寂寂，脑子清醒。如果再加一杯，那就会丑态毕露、丢人现眼。魏国公子牟说："抱残常安，守缺常全。"

南怀瑾先生曾经说过："有一位朋友谈到人之求名，他说有名有姓就好了，不要再求了，再求也不过一个名，总共两个字或三个字，没有什么道理。"有一次，南先生从台北坐火车旅行，与他坐在同一个双人座里的旅客，正在看他写的一本书。后来他俩就交谈起来，谈话中读者告诉南先生说："这本书是南某人作的。"南先生笑着说："你认识他吗？"他答："不认识啊，不过我知道这个人写了很多书。"

南先生没有告诉读者，自己就是这本书的作者。只是临分手的时候，把自己随身携带的另一本书送给了这位读者，以表示感谢。

其实南先生和读者的这次偶遇，正是因为一点小小的遗憾才让人难忘，也更显示出了南先生虚怀若谷的胸怀。有时残缺才会有美感。以爱情小说而言，情节中留一点缺陷，总是美的。又如一件古董，完好无缺地摆在那里，就只是看看而已；若有了一丝裂痕，绝对心痛得很。可是人们总觉得心痛才有价值，意味才更深长。这就是"守半守缺"的人的处世观。

人生为什么一有缺陷就拼命去补足呢？正因为我们有着这样或者那样的缺陷，我们的未来才有无限的生机和无限的可能。外在条件不好，就用内在条件来弥补它，外在环境有缺陷，内心一样可以圆满，因为这种缺陷，内心的满足才有了可能。

## 成全自己有时也是成全他人

成全别人,是一种美德,更是一种智慧。

如果舍弃自己能够成全别人,那是一种美德,也是一种智慧。成全别人有时可能需要委屈自己,因为需要放弃一些欲望和既得利益,这并不容易,但是有时候成全别人也成全了自己,因为退让和弃舍可能让我们得到更多意想不到的惊喜。

一位老师给学生讲了这样一个美丽浪漫而蕴涵智慧的故事:年轻的亚瑟国王被邻国的伏兵抓获。邻国的君主被亚瑟的年轻和乐观所打动,没有杀他,并承诺只要亚瑟回答出一个非常难的问题,就可以给亚瑟自由。如果不能给他答案,亚瑟就会被处死。这个问题是:人最难做到的是什么?

亚瑟接受了国王的命题,开始向每个人征求答案,但没有人可以给他一个满意的回答。人们让他去请教一个老女巫,只有她才知道答案。亚瑟别无选择,只好去找女巫。女巫答应回答他的问题,但他必须首先接受她的交换条件:她要和亚瑟王最高贵的武士之一、他最亲近的朋友——加温结婚。

亚瑟王惊骇极了,看看女巫:驼背,丑陋不堪,只有一颗牙齿,身上发出臭水沟般难闻的气味,而且经常制造出难听的声音。他从没有见过如此不和谐的怪物。他拒绝了,他不能强迫他的朋友娶这样的女人,而让自己背负沉重的精神包袱。加温知道这个消息后,对亚瑟说:"我同意和女巫结婚,没有比拯救亚瑟的生命和保卫国家更重要的事了。"

于是婚礼宣布举行。女巫回答了亚瑟的问题:人最难做到的就是成全别人。亚瑟被解救了,但是加温必须实现自己的诺言和女巫举行婚礼。亚瑟王在无法解脱的极度痛苦中哭泣。加温一如既往的谦和,而女巫却在庆典上表现出她最恶心的姿态:用手抓

# 第六章
## 懂得取舍：放弃的魅力

东西吃、打嗝、放屁，让所有的人感到恶心。

新婚夜来临了，加温坚强地面对可怕的夜晚，走进新房。但是他看见了完全让人吃惊的景象：一个他从没见过的美丽少女半躺在婚床上。加温惊呆了，问她到底是怎么回事。美女回答说，她就是那个丑陋的女巫。在一天的时间里一半是她可怕的一面，另一半是她美少女的一面。她问加温，想要她在白天或夜晚的哪一面呢？

加温开始思考他的困境：在白天向朋友们展现一个美丽的女人，而在夜晚面对一个又老又丑如幽灵般的女巫，还是选择白天拥有一个丑陋的女巫妻子，但在晚上与一个美丽的女人共同度过每一个亲密的时刻？

故事讲到这里，老师就问学生："如果你是加温，会怎样选择呢？"第二天的课上，答案五花八门，归纳起来也就是两种：一种选择白天是女巫，夜晚是美女，理由是妻子是自己的，不必爱慕虚荣，苦乐自知就可以了；一种选择白天是美女，因为可以得到别人羡慕的目光，至于晚上，可以在外作乐，回到家里，漆黑的屋子，美丑都无所谓了。

老师听了所有同学的答案，没有说什么，只是问同学们是否想知道加温的回答。大家说当然想。老师就说："加温没有作任何选择，只是对他的妻子说：'既然最难做到的是成全别人，那么我应该成全你，由你自己决定这一切。'"于是女巫选择白天和夜晚都是美丽的女人。

因为我们大部分人都是自私的，总是以自己的意愿去安排别人的生活，却没有想过人家是不是愿意，所以对于人来说，最难的就是成全别人。如果我们多一些爱心，多一点关怀给人，就更懂得取舍。舍弃那些自以为是的想法，成全别人也就成全了自己。

如果在能力范围之内,或者只是举手之劳,我们为什么不能帮助别人完成心愿呢?这对别人来说,可能就会改变一生,而这完全取决于我们是不是能够成人之美。我们只要站在对方的角度去思考,就能很好地理解这一点。

# 第七章
## 有取有舍，不取难舍

一个不懂得什么时候该失去什么的人，是愚笨可悲的人。运用不好这个法则，就会像某种贪婪的人，累倒在地，爬不起来。坦然地面对失去，就有可能换来幸福美满的人生。我们如果能够认真地思考一下自己的取与舍，就会发现，在得到的过程中，也不同程度地经历了失去。整个人生就是一个不断得失的过程。

### 少拿一分，赢得终生

美国成功学家安东尼·罗宾在谈到"华人首富"李嘉诚时说道："他有很多哲理性的语言，我都非常喜欢。有一次，有人问李泽楷，他父亲教给他成功赚钱的秘诀是什么。李泽楷说父亲没有教他赚钱的方法，只教了他为人处世的道理。李嘉诚这样跟李泽楷说，假如他和别人合作，如果他拿7分合理，8分也可以，那他拿6分就可以了。"

也就是说，他让别人多赚2分，所以每个人都知道，和李嘉诚合作会赚到便宜，因此更多的人愿意和他合作。你想想看，虽然他只拿6分，但现在多了100个人，他现在多拿多少分？假如拿8分的话，100个人会变成50个人，结果是亏是赚可想而知。

在中国台湾有一个建筑公司的老板，他从一万元起步，做到

100亿元台币的资产。他是怎么成功创业的？他在别家做总经理的时候，对老板说，假如想要成功的话，应该考虑多让一分利而不是多争一分利。他给老板看一则报道，是关于李嘉诚的，然后在上面写着："7分合理，8分也可以，那我只拿6分。"他就是用这套李嘉诚哲学，成为一个拥资100亿元台币的董事长。

前面提到的安东尼·罗宾，对李嘉诚的让利理论十分赞赏，并立即应用于实践中。他和任何人合作，一定是用这样的思考模式，因此他的合作伙伴越来越多。比如，他刚开始在台湾演讲的时候说："有一个经纪人，他有买房子还贷款的压力，而我没有什么压力，但给他的提成不够，没有办法付贷款。为了帮助他付清贷款，我给他额外的提成。我的另一个合伙人，他也有很多合伙人，但他什么都不懂，我还得教，结果我和他对开分。为了帮助他消除他的生活压力，我愿意多牺牲二十个点。"

台湾企业家、世界"塑胶大王"王永庆也是一个让利专家。他认为，助人等于助自己。台塑集团公司的管理水平很高，让它的下游客户羡慕不已，建议台塑将自己的管理精华传授给客户，使客户能迅速提高经营管理水平。这项建议反馈到台塑后，王永庆欣然应允，决定开办"企管研讨会"。参加研讨会的学员来自众多行业，都是台塑集团公司的客户，连一些著名企业的老板也报名参加。

台塑企业本着为客户提供管理咨询服务的精神，对学员一律免费。台塑企业除提供教材外，同时免费供应午餐与晚餐，而且上、下午各安排一次"咖啡时间"，供应各式餐点。根据台塑总管理处的成本核算，每位学员的花费约为800元台币，总支出达160万元台币。在一般人看来，花钱请别人来学自己的"绝活"，无疑是在干傻事，但王永庆的理念却是与人有利，自己有利。这正是他的思路与理念的出类拔萃之处。

王永庆深知，台塑与下游企业乃是唇亡齿寒的关系，一荣俱荣，一损俱损。因此，他从不利用"龙头老大"的地位为自己争利。相反地，他宁可自己少赚点，也要保障下游企业的利益。有一年，世界石油危机和关贸壁垒的盛行使得国际经济环境恶化，全球塑胶原料价格普遍上扬。按市场常规，台塑此时提价是名正言顺的，但王永庆考虑到下游企业的承受能力，决定降低公司的目标利润，维持原供应价，自行消化涨价成本。有人问他为什么如此大度，他说："如果赚一块钱就有利润，为什么要赚两块钱呢？何不把这一块钱留给客户，让他去扩大设备，如此一来客户的原料需求量将会更大，订单不就更多了吗？"

让一分利反而十分有利，这一道理看似简单，但许多人一旦利益当前，就无法克服争利之心，从而丧失了长远利益。这正是大人物与小人物的本质差别所在，也是人生成败的秘诀所在。

## 赠与和收获

当第二次世界大战的硝烟刚刚散尽时，以美、英、法为首的战胜国几经磋商后，决定在美国纽约成立一个协调处理世界事务的联合国。一切准备就绪之后，大家蓦然发现，这个全球至高无上、最有权威的世界性组织竟然找不到自己的立足之地。

买一块地皮吧，刚刚成立的联合国机构还身无分文。让世界各国筹资吧，牌子刚刚挂起，就要向世界各国搞经济摊派，负面影响太大。况且刚刚经历了战争的浩劫，各国都已财库空虚，许多国家甚至财政赤字居高不下，在寸土寸金的纽约筹资买下一块地皮，并不是一件容易的事情。

听到这一消息后，美国著名的财团洛克菲勒家族经过紧急商议，果断出资 870 万美元，在纽约买下一块地皮，并将这块地皮无条件地赠送给了这个刚刚挂牌的国际性组织——联合国。

同时，洛克菲勒家族亦将毗邻这块地皮的大面积地皮全部买下。

对洛克菲勒家族的这一出人意料之举，美国的许多大财团都吃惊不已——870 万美元，对于战后经济萎靡的美国和全世界都是一笔不小的数目呀，而洛克菲勒家族却将它拱手相赠，并且什么条件也没有。

这条消息传出后，美国许多财团主和地产商都纷纷嘲笑说："这简直是蠢人之举。"并纷纷断言："这样经营不要十年，著名的洛克菲勒家族财团便会沦落为著名的洛克菲勒家族贫民集团。"

出人意料的是，联合国大楼刚刚完工，毗邻它四周的地价便立刻飙升，相当于捐赠款数十倍、近百倍的巨额财富源源不断地涌进了洛克菲勒家族。这个结局令那些曾经讥讽和嘲笑过洛克菲勒家族的商人们目瞪口呆。

其实在许多时候，赠与也是一种经营之道：有舍有取，只有舍去，才能取到。就像对待生活，过去的，我们总是无限回忆、无限追思，却不知前面的风景更加美好。向前看，才会有所发展，有所进步。

两千多年前的老子清醒地认识到人类贪欲自私的弱点，告诫世人千万要注意，不要因争名逐利而丧身，要克制自己的欲望，"见素抱朴，少私寡欲"，顺应自然，知足知止。要知道"甚爱必大费，多藏必厚亡"的道理，物极必反，过分爱惜会导致极大的耗费，过多敛取必定导致重大的损失，盛极而衰已被历史证明。所以，在名与利、得与失上要时刻保持清醒的头脑和明智的选择，只有这样，才可以"知足不辱，知止不殆"，自己的生命、名声、利益才可以长久。

## 慷慨大方地做人

飞速行驶的列车上，一位老人不小心将刚买的新鞋从窗口掉下去一只，周围的旅客无不为之惋惜，不料老人毅然地把剩下的一只也扔了下去。众人大惑不解，老人却从容一笑："鞋无论多么昂贵，剩下的一只对我来说也没有什么意义了。把它扔下去，就可能让拾到的人得到一双新鞋，说不定他还能穿呢！"

老人在丢了一只鞋后，毅然地丢下另一只鞋，这便是成熟而理智的表现。一般来说，人们总是飘飘然于拥有的喜悦，而凄凄然于失去的悲伤。老人却以从容的乐观心态，超越于世人之上。的确，与其抱残守缺，不如舍去，或许会给别人带来幸福，同时也使自己心情舒畅。老人这种舍得的做法令人顿生敬意，也值得我们深思。

有位居士向禅师诉苦："我的妻子非常吝啬，不但对慈善事业毫不关心，甚至连亲戚朋友遇到困难也不肯接济，请禅师去我家开导开导她。"禅师就跟随这位居士来到他家中。果然，居士的妻子十分小气，仅仅给禅师倒了一杯白开水，连一点茶叶也舍不得放，禅师并不计较。但是，不知为什么，他用两个拳头夹着杯子喝水。居士的妻子扑哧一声笑了。禅师问她笑什么，她说："师父，你的手是不是有毛病？怎么总是攥着拳头？"禅师问道："攥着拳头不好吗？我若是天天这样呢？""那就是有毛病了，天长日久，就成了畸形。""哦——"禅师像是恍然大悟，伸开手，却又总是跷着五根指头，干什么也不肯合拢。居士的妻子又被他的滑稽模样逗乐了，笑着说："师父，你的手总是这样，还是畸形啊！"禅师点点头，认真地说："总是攥着拳头或总是摊开巴掌，都是畸形。这就如同我们的钱财，若是只知死死地攥在手里，总也不肯松开，天长日久，人的思想就成了畸形；若是大撒手，只知花用，不知储蓄，也是畸形。钱，是流通的，只有流转起来，才能实现它的价值。"

居士妻子的脸红了。因为她明白了，禅师所做的一切，都是变相地在说服她不要吝啬，但她总觉得像受了挫折，想给禅师出个难题，给自己找回面子。这时，她养的一只小猴子跑了进来。她灵机一动，将小猴子抱起来，对禅师说："大师你看这小猴子多可爱呀，跟我们人类的模样差不多。"禅师开玩笑说："它比人多了一身毛，若肯取舍，就可以做人了。"居士的妻子说："您法力无边，请想法把它变成人吧。"居士一边训斥妻子荒唐，一边向禅师道歉。谁知，禅师认认真真地说："好吧，我可以试试看。不过，能不能变成人，主要看它自己了。"禅师伸手拔了一根猴毛，小猴子痛得吱吱乱叫，从女主人怀里挣脱出来，逃之夭夭，不见踪影。禅师长长地叹了一口气，摇着头说："唉，它一毛不拔，怎么能做人呢？舍得舍得，有舍才有得；丝毫不舍，如何能得？"

居士的妻子羞红了脸，再也无话可说了。

事情的结果往往是这样：舍得，可使人得到许多回报；相反地，舍不得，可能也使人遗憾终身。

## 天下没有免费的午餐

有这样一个故事：

数百年前，一位聪明的老国王召集了聪明的臣子，交代了一个任务："我要你们编写一本《各时代智慧录》，好流传给子孙。"

这些聪明人离开老国王以后，工作了很长一段时间，最后完成了一本12卷的巨作。老国王看了后说："各位先生，我确信这

## 第七章
### 有取有舍，不取难舍

是各时代的智慧结晶。然而，它太厚了，我怕人们不会去读完它，把它浓缩一下吧！"

这些聪明人又经过长期的努力工作，几经删减之后，变成了一卷书。然而老国王还是认为太长了，又命令他们继续浓缩。

这些聪明人把一卷书浓缩为一章，然后浓缩为一页，又浓缩为一段，最后则浓缩成一句。老国王看到这句话时，显得很得意，说："各位先生，这真是各时代的智慧结晶，并且各地的人一旦知道这个道理，我们担心的大部分问题就可以解决了。"

这句千锤百炼的话是："天下没有免费的午餐。"

"天下没有免费的午餐。"春天播种，秋天才有收获；在生活中，付出的越多，得到的越多。

为什么固定电话号码、手机号码中奖这类拙劣的骗术屡禁不止？因为有人上过当，因为这类骗子曾经得逞过。政府、媒体、亲朋好友们都说这是假的，可还是有人去相信什么中奖的鬼话。

天下有免费的午餐吗？贪官拿了别人送来的免费"午餐"，就要付出进监狱甚至被处以极刑的代价。彩民中了大奖，他就要常年关注彩票，付出自己的坚持与热情、希望与失望、金钱与时间。所以，当有陌生人告诉你可以享有免费"午餐"时，如果你不是乞丐，务必要慎重考虑陌生人说的话。

大多数的人都想迅速成功，但是却不明白做一切事情都必须老老实实地去努力才能有所成就。只要不抱有投机取巧的心态，实实在在地建立顾客网及配合组织，成功必定离你不远。只要还存有一点取巧、碰运气的心态，你就很难全力以赴。不要梦想中彩票，或把时间花在赌桌上，这些一夜暴富的梦想都是人们努力的绊脚石。

自从传言有人在萨文河畔散步时无意间发现金子后，这里便常有来自四面八方的淘金者。他们都想成为富翁,于是寻遍了整个河床,还在河床上挖出很多大坑,希望借助于它找到更多的金子。的确,有一些人找到了,但更多的人却一无所得,只好扫兴而归。

也有不甘心落空的,便驻扎在这里,继续寻找。彼得·弗雷特就是其中的一员。他在河床附近买了一块没有人要的土地,一个人默默地工作。他为了找金子,已把所有的钱都押在这块土地上。他埋头苦干了几个月,直到土地全部坑坑洼洼,他失望了——他翻遍了整块土地,但连一丁点金子都没看见。6个月以后,他连买面包的钱都没有了。于是,他准备离开这儿到别处去谋生。

就在他即将离开前的一个晚上,天空下起了倾盆大雨,并且一下就是三天三夜。雨终于停了,彼得走出小木屋,发现眼前的土地看上去好像和以前不一样了:坑坑洼洼已被大雨冲刷得平平整整,松软的土地上长出一层绿茸茸的小草。

"这里没找到金子,"彼得忽有所悟地说,"但这土地很肥沃,我可以用来种花,并且拿到镇上去卖给那些富人。他们一定会买些花来装扮他们的家园。如果真是这样的话,那么我一定会赚许多钱,有朝一日我也会成为富人……"

彼得仿佛看到了将来,美美地说:"对,不走了,我就种花!"

于是,他留了下来。彼得花了不少精力培育花苗,不久田地里长满了美丽娇艳的各色鲜花。

他拿到镇上去卖,那些富人一个劲儿地称赞:"瞧,多美的花,我们从没见过这么美丽的花!"他们很乐意付少量的钱来买彼得的花,以便使他们的家变得更富丽堂皇。

5年后,彼得终于实现了他的梦想——成了一个富翁。

只有勤劳才能采集到真正的"金子",用你的劳动去获得你想要的,比幻想你想得到的更实际。

收获大，再艰苦的工作也会变得惬意。收获可以使人忘却不快的往事，对前景充满信心。从失败的经验中吸取教训，因而获得最宝贵的经验，这亦是工作——即劳动带来的一种收获。没有付出，便没有收获可言。世上收获最多的人，往往是付出最多的人。记住：天下没有不劳而获的东西。

## 斤斤计较难成大事

很多人也许不知道，一公升的糙米碾过以后，就会消耗掉百分之五的分量，剩下的才是精纯的白米。

因为从前的碾米机比较粗糙，所以白米里面常常会夹杂着一些碎米糠。

如果你太在乎这些碎米糠，想将它们全部挑出来的话，就一定要花掉很多时间和精力。这样的话，你就没办法继续做别的工作，结果得不偿失，所以还不如不要去管它们，把掺杂了很多米糠的白米贱价卖出就可以了。

其实你做任何一件事，都会碰到类似的问题。当你做事业的时候，总会有像米糠一样的瑕疵。像是收不回来的呆账、员工的缺点、客户的信用度差等的问题。

其中，货款收不到，的确会对公司的营运造成一些影响。但是，如果呆账的数目很少，就动用全公司的员工去追讨，这样反而是得不偿失的。因为，员工们可能会害怕呆账一再发生，就变得格外小心，不敢积极地去推销货品，这时候，老板也会把所有的心思放在怎样去解决这笔呆账的问题上，就没有多余的精力把其他更重要的事情给做好了。

核对账目也是这样。如果总公司发现分公司的发票中有一二十元的误差，结果就花了好几天的时间打长途电话核对，到最后不但把两边的员工都搞得晕头转向，而且花的长途电话费也一定不止一二十元了。浪费这些人力、时间和电话费，不是很不值得吗？这一二十元不就像碎米糠一样吗？干吗去管它呢？

人常常这样，因为太拘泥于小事，而乱了大局。像核对账目，账目有小误差的时候，用一个适当的科目去把它冲掉不就好了吗？

把时间花在其他更重要的工作上，才是聪明人的做法。

还有，雇用员工也是同样的道理。其实每个人都有缺点，只要缺点不大，不会给公司带来不良的影响，都可以在容忍的范围之内。如果太在意这些小毛病，只会显得自己的度量很狭小，而且无法培育出有潜力的人才，员工也不会积极为你卖力工作，这样的损失不就太大了吗？

从前有一位名人在接受记者访问的时候说："治国的要领，就像你用圆形的勺子，在方形的盒子里挖豆花一样。"

有人就反问："这样不就没有办法把角落里的豆花挖干净了吗？"

他说："对，没错，但是你治理一个大国的时候，就必须要牺牲一些东西。

否则，如果每一样事你都想把它做到尽善尽美，到最后反而什么事也做不好！"

所以，如果你想成为大人物，就得不在乎米糠，把精力放在重要的事情上。

## 承担的责任和收获成正比

主动承担责任是成功者必备的素质。大多数情况下，即使你没有被正式告知要对某种事件负责，你也应该努力地做好它。如果你能表现出胜任某种工作，那么责任和报酬就会接踵而至。

# 第七章
## 有取有舍，不取难舍

曾经荣获普利策奖的詹姆斯·赖斯顿是在第二次世界大战期间应聘到《纽约时报》的职位，初为此报效力的他在伦敦工作了一段时间。他亲历了德国纳粹分子对伦敦进行的狂轰滥炸。孤身一人在战火纷飞的伦敦工作的詹姆斯·赖斯顿非常想念妻子和3岁的儿子。在给儿子的信中，詹姆斯这样写道："我周围这些生活在紧张之中的人们，大都有了一种更加强烈的责任感。他们更具爱心，做事更多地为他人考虑，与此同时他们也日益坚强起来。他们在为超越他们自身的理想而作战。我觉得那也是你应该为之而努力的理想。我想向你强调的就是，一个人必须承担他应该承担的责任。这场战争爆发于一个不负责任的年代。我们美国人在本世纪第一次大战要结束的时候，并没有承担自己的责任。当这个世界需要我们把理想的种子广为撒播的时候，我们却退却了……因此，我请求你接受你自己的责任——把美国创建者的梦想变为现实，为生你养你的这个国家的前途而努力奋斗……简朴人生，勿忘责任。"

詹姆斯告诫儿子，作为国家的一员，他要背负为国家的前途而努力奋斗的责任。

责任能激发人的潜能，也能唤醒人的良知。有了责任，也就有了尊严和使命。

有这样一个故事：在火车上，一位孕妇临盆，列车员通知了全车旅客，紧急寻找妇产科医生。这时，一位妇女站出来，说她是妇产科的。列车长赶紧将她带进用床单隔开的临时病房。毛巾、热水、剪刀、钳子什么都到位了，只等最关键时刻的到来。产妇由于难产而非常痛苦地尖叫着。那位自称妇产科的女子非常着急，她将列车长拉到产房外，告诉列车长她其实只是妇产科的护士，并且由于一次医疗事故已被医院开除。今天这个产妇情况不好，人命关天，她自知没有能力处理，建议立即送往医院抢救。

列车行驶在京广线上，距离最近的一站也还要行驶一个多小时。列车长郑重地对她说："你虽然只是护士，但在这趟列车上，你就是医生，你就是专家，我们相信你。"

列车长的话感染了护士，她准备了一下，走进产房时又问道："如果万不得已，是保小孩还是保大人？"

"我们相信你。"

护士明白了。她坚定地走进产房。列车长轻轻地安慰产妇，说现在正由一名专家给她助产，请产妇安静下来好好配合。

出乎意料，那名护士几乎单独完成了她有生以来最为成功的手术，婴儿的啼哭声宣告了母子平安。因为责任，因为信任，她终于战胜了自我，完成了使命，也找回了自己的信心与尊严。

在这个社会中，我们每个人都需要承担那么一点属于自己的责任。正因为有了责任，我们才能在人生漫长的旅途中挫而不败，坚强而又倔强地迈过每一道艰难的门槛；也正因为我们坚信责任，才能在每一次精彩的收获之后坦然而谦恭，不断地追求着下一个新的目标。

在营救驻伊朗美国大使馆人质的作战计划失败后，当时的美国总统吉米·卡特即在电视里郑重声明："一切责任在我。"仅仅因为上面那一句话，卡特总统的支持率骤然上升了 10% 以上。

美国前总统杜鲁门也有一句著名的座右铭："责任到此，请勿推辞！"世界上很少有报酬丰厚却不需要承担任何责任的便宜事。想要一时的不负责任当然有可能，但要免除世间的所有责任可得付出巨大的代价。当责任从前门进来，你却自后门溜走，你失去的可是伴随着责任而来的机会！对大部分职位而言，报酬和所承担的责任有直接的关系。

# 第七章 有取有舍，不取难舍

## 塞翁失马，焉知非福

金代禅师非常喜爱兰花，在寺旁的庭院里栽培了数百盆各色品种的兰花，讲经说法之余，总是全心地去照料。大家都说，兰花好像是金代禅师的生命。

一天，金代禅师因事外出。有一个弟子接受师傅的指示，为兰花浇水，但一不小心，将兰花架绊倒，整架的兰花都给打翻了。

弟子心想：师傅回来，看到心爱的兰花这番景象，不知要愤怒到什么程度？于是就和其他的师兄弟商量，等禅师回来后，勇于认错，且甘愿接受任何处罚。

金代禅师回来后，看到这件事，一点也不生气，反而心平气和地安慰弟子道："我之所以喜爱兰花，为的是要用香花供佛，并且也为了美化禅院环境，并不是想生气才种的啊！凡是世界上的一切都是无常的，不要执著于心爱的事物而难割舍，因为那不是禅者的行径！"

金代禅师"不是为了生气才种花"的禅功，深深地感染了弟子们。世间的事物变化无常，我们不必执著于心爱的事物而难以割舍。毕竟，我们喜爱一种事物的初衷，并不是因为失去它时要伤心。人生中的很多东西既然已失去，不妨就让它失去吧。

法国的军队从莫斯科撤走后，一个农夫和一个商人在街上寻找财物，他们发现了一大堆未被烧焦的羊毛，两个人就各分了一半捆在自己的背上。归途中，他们又发现了一些布匹。农夫将身上沉重的羊毛扔掉，选些自己扛得动的较好的布匹，而贪婪的商人却将农夫所丢下的羊毛和剩余的布匹统统捡起来。

重负让他气喘吁吁，缓慢前行。

走了不远，他们又发现了一些银器，农夫将布匹扔掉，捡了些较好的银器背上，商人却因沉重的羊毛和布匹压得他无法弯腰而作罢。

突降大雨,饥寒交迫的商人身上的羊毛和布匹被雨水淋湿了,他跟跄着摔倒在泥泞当中,而农夫却一身轻松地回家了,变卖了银器,过起了富足的生活。

塞翁失马,焉知非福。居里夫人一次"幸运的失恋"就是最好的说明。

1883年,天真烂漫的玛丽亚(居里夫人)中学毕业后,因家境贫寒无钱去巴黎上大学,只好到一个乡绅家里去当家庭教师。她与乡绅的大儿子卡西密尔相爱,在他俩计划结婚时,却遭到卡西密尔父母的强烈反对。这两位老人深知玛丽亚生性聪明,品行端正,但是贫穷的女教师怎么能与自己家庭的钱财和身份相配称呢?父亲大发雷霆,母亲几乎晕了过去,卡西密尔屈从了父母的意志。

失恋的痛苦折磨着玛丽亚,她曾有过"向尘世告别"的念头。玛丽亚毕竟不是平凡的女人,她除了个人的爱恋,还爱科学和自己的亲人。于是,她放下情缘,刻苦自学,并帮助当地贫苦农民的孩子学习。几年后,她与卡西密尔进行了最后一次谈话。卡西密尔还是那样优柔寡断,她终于砍断了这根爱恋的绳索,去巴黎求学。这一次"幸运的失恋",就是一次失去。如果没有这次失去,她的个人历史将会是另一种写法,世界上就会少了一位伟大的科学家。

学会习惯于失去,往往能从失去中获得。得其精髓者,人生则少有挫折,多有收获;人会从幼稚走向成熟,从贪婪走向博大。

## 先苦后甜

吃苦是成长的阶梯，是成功的垫脚石。正如飞蛾由蛹变茧、破茧而出的过程：由蛹变茧时，翅膀萎缩，十分柔软；在破茧而出时，必须要经过一番痛苦的挣扎，身体中的体液才能流到翅膀上去，翅膀才能充实有力，才能支持它在空中飞翔。

一天，有个人凑巧看到树上有一只茧开始活动，好像有蛾要从里面破茧而出，于是他饶有兴致地准备见识一下由蛹变蛾的过程。

二天，随着时间的一点点流逝，他变得不耐烦了，只见蛾在茧里痛苦挣扎，将茧扭来扭去的，却一直不能挣脱茧的束缚，似乎是再也不可能破茧而出了。

最后，他实在等得不耐烦了，就用一把小剪刀，把茧上的丝剪了一个小洞，让蛾出来可以容易一些。果然，不一会儿，蛾就很容易地从茧里爬了出来，但是身体非常臃肿，翅膀也异常萎缩，耷拉在两边伸展不起来。

他等着蛾飞起来，但那只蛾却只是跌跌撞撞地爬着，怎么也飞不起来，又过了一会儿，它就死去了。

飞蛾为什么会死？原因是飞蛾失去了成长的必经过程。飞蛾的成长必须在蛹中经过痛苦的挣扎，直到它的双翅强壮了，才会破茧而出，那些不经过痛苦挣扎的飞蛾势必夭折。人的成长也是如此，没有经历过不幸、挫折、失败的人难以承担大任。即使让其承担大责任，也会因经受不住随之而来的艰辛、曲折、困难的考验而归于失败。

人生的历程总要遵循许多规律，付出之后的收获、苦尽之后的甘来、磨练之后的成就，应该都是成正比的，这些正是其中的规律。正如孟子所说："天将降大任于斯人也，必先苦其心志，劳其筋骨……"

彭德怀少年时,家贫如洗,为了生存不得不为有钱人家放猪,可谓历经磨难,然而正是这苦难的生活磨练了他的意志。

举世闻名的大文豪高尔基,早年丧父,11岁时就给资本家当学徒工。也正是这段苦难的童年使他懂得了人生,有了深厚的生活阅历,为后来的文学创作打下了坚实的基础。

1915年获得诺贝尔物理学奖的威廉·亨利布拉格,青年时在皇家学院求学。这里的学生大多是富家子弟,可亨利布拉格衣衫褴褛,拖着一双比他的脚大得多的破旧大皮鞋。富家子弟诬陷他说这双破皮鞋是偷来的。有一天,老学监把他召到办公室,两眼死盯着他那双破皮鞋。亨利布拉格明白是怎么回事,他拿出一张小纸条交给学监。这是他父亲写给他的一封信,上面有这样几句话:"儿呀,真抱歉,但愿再过一两年,我的那双破皮鞋穿在你脚上不再嫌大。一旦你有了成就,我就引以为荣。因为我的儿子正是穿着我的皮鞋努力奋斗成功的。"老学监看完信之后,也被深深地感动了。

能吃苦的人才能享受到"苦尽甘来"的幸福。相反地,没吃过苦,不具备吃苦耐劳品性的人,很难在布满荆棘的人生路上走出康庄大道来,即使你有优越的条件也不例外。试想,古今中外历史上又有几个纨绔子弟成就大业、有所成就的呢?

就拿美国的杜邦家族来说,这个家族资产上亿万美元,豪华别墅、专用飞机、游艇和高级小轿车等也应有尽有。然而,这个家族的后代却大都是平庸之辈。他们的精神世界苍白空虚,有时竟无聊到专门搞恶作剧,比如用绒布做食品馅招待贵客,或以数吨水泥散堆于邻居门前。他们躺在先人的财富上寻欢作乐,意志必然会颓废堕落。

成功者大多数是先吃"苦",然后才会获得"甜"的!所以,能吃苦就是一种资本,一种保证今后能够得到甜的资本。

一个大学毕业生在应聘时,由于读的大学并不出名,专业也不热门,考官不打算录用他,但在面试结束时,他向考官真诚地说了一句:"我能吃苦!"这句话改变了考官的主意,就让大学生回去等消息。

第二天,考官专门去学校调查了该大学生,得知他的家境很贫寒,在学校期间一直吃苦耐劳。于是考官决定录用他,因为这种能吃苦的人才是任何公司都欢迎的。

这个大学生求职的经历证明了一个道理:能吃苦,吃过苦,这就是资本!

哲人说:"老年遭受艰难困苦是不幸的,这个道理人们普遍知晓。少年未经艰难困苦也是不幸的,这个道理却不是每个人都能明白的。"享乐在先,或许令人羡慕,但这只是一个过程,不会永远乐下去,走到终点便是苦。吃苦在先,同样也是一个过程,不会永远苦下去,走到终点便是甜。

## 心胸狭隘难发展

在商场竞争中,有些人急功近利,为了眼前利益,可以不择手段,但急功只能近小利。经商做生意必须立足现在,放眼未来,放长线钓大鱼。有时候欲先取之,必先失之,放鸭得凤,欲擒故纵,这是商战中的必胜之道。

商业中"盈泽养鱼"办法很多,例如,守法讲信誉、让利优惠、广告造舆论等。下面是一种独特的"养鱼"法。

美国有一家公司专门经销煤油及煤油炉。创立伊始,"池塘无鱼",一个顾客也没有,于是大量刊登广告,极力宣扬煤油炉的好处。然而，收效甚微，产品依旧无人问津，货物大量堆积，公司还未跨出摇篮便有了窒息的迹象。

有一天，老板突然宣布他要"培养顾客"，挥手招来手下职员，叫他们挨家挨户去给居民无偿赠送煤油炉。职员们大惑不解，以为老板因愁而发疯了，但令在必行，他们只得分头行动。

住户们无偿获赠煤油炉，自然大喜过望。街头巷尾，一时到处都是该公司的免费"宣传员"。公司有了名气，打电话到公司索要煤油炉的人也不断涌来。不多时日，所有积压的煤油炉便被索赠一空。

当时的炉具还未进入现代化，什么煤气、电饭锅、微波炉等都还没进入发明家的大脑。煤油炉在当时的木柴灶和煤炭灶中鹤立鸡群，其优越性更使那些家庭主妇们乐得以为一步登天，她们简直一天也离不开它了——老板的池塘里已经"鱼儿"成群，胖头肥脑了。

家庭主妇们很快便发现赠送的煤油炉中的煤油烧完了，于是赶快"送鱼上门"，跑到公司去买。煤油的价格不低，但因为烧煮方便，倒也乐意掏钱。再过一阵子，煤油炉也用旧了，于是她们又心甘情愿地成为公司的"鲜鱼"，购买新的煤油炉。

从此，这家公司的煤油和煤油炉都旺销不衰。

让别人获利，自己也会得利；让别人赚了钱，自己也就赚了钱。这正是吃亏学所说的"成人之美，方能惠己"。

## 先付出才会有回报

一个贫穷的小男孩为了攒够学费，就去挨家挨户地推销商品。一天，他十分劳累，已经一整天没有吃东西了，感到十分饥饿，可是找遍全身，只找到一角钱。这点钱根本不够吃饭，怎样办呢？

## 第七章
### 有取有舍，不取难舍

他决定向下一户人家讨口饭吃。他来到下一户人家，开门的是一位年轻美丽的女子。当他看到这位年轻美丽的女子的时候，却有点不知所措了。他没有要饭，只向她乞求一口水喝。这位女子看到他很饥饿的样子，十分同情他，就送他一大杯牛奶喝。小男孩慢慢地喝完牛奶，问道："我应该付多少钱？"年轻女子回答："一分钱也不用付。我妈妈教我们，施以爱心，不图回报。"小男孩说："那么，就请接受我由衷的感谢吧！"说完小男孩离开了。此刻，他感到自己浑身充满了力量，感觉上帝正朝着他点头微笑，一股男子汉的豪气顿时迸发出来。本来，他是想退学的，此时他改变了想法。

数年之后，那位年轻美丽的女子得了一种十分罕见的重病，当地的医生对此束手无策。她被转到大城市医治，由专家会诊治疗。此时，那个小男孩已是一位大名鼎鼎的医生，他也参与了这次医治。当看到病历上所写的病人的住址时，一个念头霎时间闪过他的脑海，他马上向病房奔去。来到病房，他一眼就认出在床上躺着的病人就是曾经帮助过他的恩人。他回到办公室，暗暗下了决心："我一定要竭尽所能治好恩人的病。"从那天起，他就特别关照这个病人。经过艰辛努力，手术成功了。手术花去巨额医疗费，他毅然地在高额的医药费通知单上面签了字。

当医药费通知单送到这位特殊的病人手中时，她不敢看，因为她确信，治病的费用将会花去她的全部积蓄。最后，她还是鼓起勇气，翻开了医药费通知单，旁边写着一行小字："医药费——一杯牛奶。"

只有施德与人的人，人们才以德来回报他。帮助别人的人，人们才帮助他。施与越广，成就也就越大。付出越多，回报就越丰厚。

在汉楚争雄时期，蒯通劝说韩信背叛汉朝，与楚协和，双利俱存，三分天下，鼎立而居，分封诸侯，做天下盟主。韩信始终不听，不忍心背叛刘邦。韩信想到自己在楚项王手下，仅是个郎中，位不过执戟之上，项王也不听自己的话，不用自己的计谋，而刘邦授我上将军，统帅着大军，并极力改善我的衣食居行，对家庭的关照也是无微不至，所以，韩信回答蒯通说："汉王对我非常厚爱，给我车子，给我衣服，给我食物。我听人们说，乘坐他人的车子，就要分担他的患难；穿他人送的衣服，就要关怀他的忧虑；吃他人送的食物，就要效忠他的事业，我怎么能为了小利而背叛大义呢？"从这个例子可以看出，刘邦付出的只是衣食住行上的事，得到的却是整个江山！

# 第八章

## 知取舍，明哲理

在人的一生中，会遇到许许多多的选择，鱼和熊掌往往不可兼得。在把握命运的十字路口，我们应该学会取舍，当有所为，有所不为。我们失去的，会有回报，不要悲观地感慨"不可兼得"的失去，要乐观地看到"失之东隅，收之桑榆"。

### 鱼与熊掌不可得兼

漫漫人生路上，会面临很多选择，有选择就有取舍。选择什么，取舍什么，这是一门学问。人生最重要的是机遇，而正确的取舍，则是真正取得、把握住了机遇。

因为很多时候，取舍就是获得。人们常将"取"与"舍"合说成"取舍"，就是因为有"取"才有"舍"嘛！

一个人在沙漠里迷失了方向，酷暑难熬，饥渴难忍。正当快撑不住时，他发现了一幢废弃的小屋，屋子里居然还有一台抽水机。

他兴奋地上前汲水，却怎么也抽不出半滴水来。这时，他看见抽水机旁，有一个装满了水的瓶子，瓶子上贴了一张纸条，上面写着：你必须用水灌入抽水机才能引水！不要忘了，在你离开前，请再将水装满！

怎么办？能抽出水来当然好，要是水浪费掉了而抽不出水呢？

自己不是有可能死在这里吗?如果将瓶中的水喝了,还能暂时远离饥渴啊。这个人犹豫不决。

想来想去,他还是将水倒进抽水机。不一会儿,就抽出了清冽的泉水,他不仅喝了个够,还带足了水,最终走出了沙漠。

临走前,他把瓶子装满水,然后在纸条上加了几句话:纸条上的话是真的,你只有先舍弃瓶中的水,才能汲取到更多的水!

有一得必有一失,只有舍去一些东西,才有更多的收获。人生好比一个房间,想要搬进新的家具、电器什么的,就得先扔掉一些东西。取舍不是失去,正确的取舍往往是一个全新的转折点,是一个脱胎换骨的再生过程。

在我们的生命中也是一样,有时候我们必须作出取舍甚至牺牲,才能开始一个崭新的历程。

正确的取舍不是逃避,不是懦弱,而是理智的选择。在生活中,我们常常遇到鱼和熊掌不可兼得的情况,为了得到熊掌,只有放弃鱼。为了得到更大更长久的利益,只有先舍弃一些好处,甚至是忍痛割爱。

一个青年从小便树立了当作家的理想。为此,他坚持每天写作500字,十年如一日地努力着。可是,多年努力,他从没有把只言片语变成铅字。

29岁那年,他总算收到了第一封退稿信,那是他多年来一直坚持投稿的刊物的总编寄来的。信中写道:"虽然你很努力,但我不得不遗憾地告诉你,你的知识面过于狭窄,生活经历也显得相对苍白……但我从你多年的来稿中发现,你的钢笔字越来越出色……"

他的名字叫张文举,现在是有名的硬笔书法家。对于如何成功,他的理解是:"一个人能否成功,理想很重要,勇气很重要,毅力很重要。但更重要的是，人生路上要懂得取舍，更要懂得转弯！"

舍弃与取得是紧紧联系在一起的，有取有舍，不舍难取；小舍小得，大舍大得。为了能够获得更多、更长久，我们必须先学会正确、适时地取舍。

## 懂得取舍，才能得到更多

佛陀在世时，有一位名叫黑指的婆罗门来到佛前，他双手各拿了一个花瓶，前来献佛。

佛对黑指婆罗门说："放下！"

黑指婆罗门把他左手拿的那个花瓶放下。

佛陀又说："放下！"

黑指婆罗门又把他右手拿的那个花瓶放下。

然而，佛陀还是对他说："放下！"

这时黑指婆罗门说："我已经两手空空，没有什么可以再放下了，请问现在你要我放下什么？"

佛陀说："我并没有叫你放下你的花瓶，我要你放下的是你的六根、六尘和六识。当你把这些统统放下，你将从生死桎梏中解脱出来。"

黑指婆罗门这才了解了佛陀所说的"放下"之道理。

"放下"，这是非常不容易做到的。人有了功名，就对功名放不下；有了金钱，就对金钱放不下；有了爱情，就对爱情放不下；有了事业，就对事业放不下。

我们在肩上的重担，在心上的压力，岂止手上的花瓶？这些重担与压力，可以说使人生活得非常艰苦。必要的时候，佛陀指示的"放下"不失为一条幸福解脱之道！

我们常说，"拿得起，放得下"，其实，所谓"拿得起"，指的是人在踌躇满志时的心态，而"放得下"，则是指人在遭受挫折或者遇到困难时应采取的态度。范仲淹说"不以物喜，不以己悲"，有了这样一种心境，就能把大悲大喜、厚名重利看得很小、很轻，自然也就容易"放得下"了。

有一个名叫秦裕的奥运会柔道金牌得主，在连续获得203场胜利之后却突然宣布退役，而那时他才28岁，因此引起很多人的猜测，以为他出了什么问题。其实不然，秦裕是明智的，因为他感觉到自己运动的巅峰状态已经过去，以往那种求胜的意志也迅速减退，这才主动宣布撤退，去当了一名教练。应该说，秦裕的选择虽然有所失，甚至有些无奈，然而从长远来看，这也是一种如释重负、坦然平和的选择。比起那种硬充好汉者来说，他是英雄，因为他消失于人生最高处的亮点上，给世人留下的是一个微笑。

一个职务、一种头衔，自然意味着一个人在社会上所取得的成就和地位，它的意义是不言而喻的。但是，凡事都有一个度。适可而止，于是心定，定而后能静，静而后能安，安排既定，自能应付自如，就不会既忙且乱了。在生活中，很多时候，懂得放下才能收获更多。

成功并不总是青睐那些死守一个真理的执著者，还格外偏爱那些懂得适时取舍的聪明人。要想达到自己的目标，我们固然要"拿得起"；但与此同时，当我们发现"此路不通"时，也要学会及时地放下。片面地偏向任何一点，生命的天平都有可能发生难以控制的偏斜，到时再来补救就来不及了。

## 快乐不是拥有多，而是计较少

快乐不是拥有得广，而是不计较。为什么有的人一生郁郁寡欢，是因为心里装着的太多无用的东西左右着他，使其变得斤斤计较、偏激、固执甚至于痛苦。

有人讲起他自己的一段经历：

还记得很久以前在装修房子时的那件事。那是我的新房装修工作进入尾声的那天下午，随着油漆师傅一声"全部都好了"，我也抱着高兴的心情来到我将要入住的新房。

我从楼上走到楼下，查看整体的成果，却赫然发现厨房水槽下的那个旧水泵，锈迹斑驳的样子，在经过粉刷后的墙面衬托下，显得异常刺眼。

我不好意思请师傅去处理那个不属于他工作范围的旧水泵，便跟母亲建议，向师傅借一些油漆，将水泵外壳涂上漆，让两者之间的差距小一些。好心的师傅一听到我们要借油漆，便又从他家中赶过来，表示可以帮助我们处理。

就当师傅打算开始动手时，他和母亲闲聊起来："这个水泵是做什么用的？""没有用，早就坏了！""啊？那有插电吗？""没有，线路都拔掉了！""那为什么要漆，不干脆整个拔掉？"现场一阵默然，大家面面相觑。对啊，为什么不拔掉呢？"那不要漆啦，你借我螺丝刀，我帮你们拔掉！"不到三分钟，油漆师傅就处理好了那个放在那儿好几年的旧水泵。

我突然想，不就是这样吗？人的心！

在我们的心中，也许就会有这样一个旧水泵——有时候，我们爱错了一个人；有时候，我们在生命历程中曾经遭遇过挫折伤害；有时候，我们习以为常的偏见与固执——明明已经生锈败坏且不堪使用了，但我们却缺少将它除去的动力，就任由它一年又一年，在我们心中摆放着，以为那是无法除去且不能搬移的。甚至，有时还像我一样，企图用浓厚的妆，去遮掩它本质的残破。

我们心中到底有多少东西，是我们错误地摆置却始终以为是无法搬移的呢?

学会选择,懂得取舍是一种智慧,更是一种幸福。人生只有放下该放下的,才能得到真正的快乐。给自己勇气,搬移你心中"旧的水泵",别让它成为你快乐的累赘。

为什么很多人成功了反而感到失落?许多人在埋头苦干,却仍不能发掘出人生的终极目标,只是一味地忙碌着,未曾洞悉自己心灵深处的所欲所求,也不曾审视自己的人生信条:你到底要做什么?什么是你生命中最重要的?你生活的重心是什么?只有确立了符合价值观的人生目标,才能凝聚意志力,全力以赴、持之以恒地付诸实现,才能获得内心最大的满足。人生就是一个不断追求的过程,追求让自己的生命变得圆满。然而追求也并不是事事都要争到底,恰恰相反,我们要随时准备舍弃。舍弃那些沉重的包袱,才能继续你的追求之旅。

如果我们永远凭着过去生活的习惯、日常世故的经验,固守已经获得的功名利禄,为了权钱职位、风头利益去争夺,什么样的生活方式都让我们眼花缭乱,什么朋友熟人都不愿意得罪,这样我们会疲于应付,把很多时间和精力都花在无谓的纷争和无穷的耗费上,不仅正常发展受到限制,甚至会迷失自己的方向。

生活中不可能什么东西都能得到与拥有,追求获得,也要学会取舍,人生就是一个不断选择与取舍的过程。取舍得当,丢掉那些不值得你带走的包袱,扔掉拖累你的行李,你才可以简洁轻松地走自己的路,人生的旅行才会更加愉快,你才可以登得高行得远,看到更美更多的人生风景。学会适当取舍,可以使你轻装攀登上人生更高的山峰。

## 不要让追求完美成为责任

有些人以为自己是在追求完美，其实他们比较可怜，因为他们是在追求不完美中的完美，而这种完美，根本不存在。

有这么一个有洁癖的女孩，她去餐馆吃饭，因为怕有细菌，竟自备酒精消毒桌面，用棉花细细地擦拭，唯恐有遗漏。

这位有洁癖的女孩，难道不知道人体表面都充斥着细菌，比如她自己的手，可能就比桌面还脏。

孩子犯了个错，母亲不断地指责，因为她要为孩子培养完美的品格。这时孩子拿出一张白纸，并且在白纸上画了一个黑点，问："妈妈，你能在这张纸上看到什么？"

"我看到这张纸脏了，它有一个黑点。"母亲说。"可是它大部分还是白的啊！妈妈，你真是个不完美的人，因为你只会注意不完美的部分。"孩子天真地说。

有一位极富有正义感的男士，对于世界上竟有这么多不义的人很痛恨。他一直很想杀光世界上的坏蛋，好让世界完美起来。

有一天他突然接到一封上帝的来信。上帝对他说，你也是个坏蛋，因为你的心中从来就没有爱。

要求完美是件好事，但如果过头了，反而比不求完美更糟。就像我们居住的屋子，永远不可能如展示屋那样整齐干净，如果一味地强求，反而会令日常居住成为噩梦一般。

别让追求完美成了苛刻，完美是种尽心的做事态度，而不是恐怖行动。

世界上有太多的完美主义者了，他们似乎不把事情做到完美就不善罢甘休。这种人到了最后，大多会变成懒惰的人。因为人所做的事，本来就不可能有完美的。所以说，完美主义者从一开始就在做一个不可能实现的美梦。

他们因自己的梦想老是现实不了而产生挫折感，就这样形成一个恶性循环，最后意志消沉，变成一个消极的人。所以，培养"即使不完美也没关系"的想法是相当重要的。

如果你花了许多心血，结果还是泡汤了的话，不妨把这件事暂时丢下不管。如此一来，你就有时间来重整你的思绪，接下来就知道下一步该怎么走了。"既然开始了就要把事情做好"这种想法固然没错，可是过于拘泥，不管你做什么都将不会顺利。因为太过于追求完美，反而会使事情发展困难。

武田信玄是日本战国时代最懂得作战的人，连织田信长也相当怕他，所以在信玄有生之年中，他们几乎不曾交过战。信玄对于胜败的看法实在是相当有趣，他的看法是："作战的胜利，胜之五分是为上，胜之七分是为中，胜之十分是为下。"这和完美主义者的想法是完全相反的。他的家臣问他为什么，他说："胜之五分可以激励自己再接再厉，胜之七分将会懈怠，而胜之十分就会生出骄气。"连信玄终生的死敌上杉彬也赞同他这种说法。据说上杉彬曾说过这么一句话："我之所以不及信玄，就在这一点上。"

实际上，信玄一直实行着胜敌六七分的方针。所以他从16岁开始，打了38年的仗，从来就没有打败过一次。自己所攻下的领地与城池，也从未被夺回去过。把信玄的这个想法奉为圭臬的是德川家康。如果没有信玄这个非完美主义者的话，德川家族300年的历史也不一定存在。要记住，不能容忍不完美，只会给你的人生带来痛苦罢了。

有些人很勉强自己，不愿做弱者，只好逞强，努力做许多别人期待而自己却不愿做的事。这种人，才是真正的弱者。别人一对你抱期望，就怕辜负了人，硬是勉强实现承诺，到头来才发现，

# 第八章
## 知取舍，明哲理

是自己太软弱。

根本必须承认的，是自己的心。只有承认软弱，才可能坚强；只有面对人生的不完美，才能创造完美的人生。

### 舍不去，有时候也会取不来

如风来自农村，在他高中毕业的时候，家里的积蓄已经不多。为了减轻家中负担，进了大学，他就申请了助学贷款，还在一家房地产公司做兼职。他努力工作，逐渐从一个普通的业务员做到店面经理。学习与工作的压力让他感到身心疲惫。这个时候，一个女孩走入了他的视野。她坦诚率直的个性深深地吸引着如风，他们无所不谈。如风向她诉说自己在工作与学习中的烦恼，她总能够安慰并且鼓励如风，这也使得如风心里的阴霾一扫而光。随着一天天的交往，聊天的内容也超越了普通朋友的范围，后来他们确立了恋爱关系。

快过春节的时候，女孩因家里逼婚，跑了出来。如风让她和自己一起回家过春节，女孩同意了。他们一起回到了如风贫困的老家。女孩自小生活优越，被家人当做千金大小姐般疼着护着，可她并没有大小姐的脾气。她喜欢吃辣，如风家几乎不沾辣，她对此从不抱怨，别人问起她时她总说好吃。看到如风家里一些与她生活习惯不合的地方，她从不皱一下眉头。如风的家人都喜欢她，并且认同她。父亲嘱咐如风要好好对待女孩，并告诫他说，如果失去了她，将是如风一辈子的损失。

回到城市之后，他们住在了一起。如风毕业后还在那家公司上班，女孩就在家里做好饭等他回来。每次下班回来，一上楼，她就会出现在楼梯口，微笑着看如风。后来，如风工作得很拼命，工作占据了他的大部分时间与精力，有些顾不上女孩。因为他害怕了那种没有钱的贫困生活,他想通过自己的努力让家人过上好日子。

这个时候,女孩怀孕了,如风觉得自己还年轻,事业才刚刚起步,无论是金钱还是精力上都负担不起这个孩子。在他的劝说下,女孩最终同意打掉孩子。女孩一个人在一个偏僻的医院里,把孩子做掉了。这个时候,如风为了能赚够钱开一家属于自己的公司,更加忙碌了。在女孩最脆弱、最需要他的时候,他却没有陪在她的身旁。这种伤害也许比身体上的伤害来得更加剧烈,也更加持久。

女孩因为孩子的事情恨如风,最终离如风而去。如风现在拥有了自己的房地产公司,虽然已经步入轨道,业绩也越来越好,但自从女孩走后,他做什么都提不起精神,觉得所做的一切都不再有意义了。他想要离开所在的城市,到一个新的环境里开始新的生活。

故事说到这里,不知你看过之后有何感触:如风拥有了自己一直渴望得到的金钱,在追求金钱的道路上,他失去了自己的女友。现在他有钱了,可心底里的那份深深的内疚与自责恐怕会伴随他一生。如果当初对待金钱,他能够拿得起放得下一点,不是那么强烈地想要有钱,多花些精力在女友身上,结果就会有所不同。有些时候放弃对金钱的强烈渴求是另外一种获得,像如风,他就会获得爱情,或许他不会有很多钱,但是相信他会比现在开心快乐很多。

学会取舍,相信在生活中将受益匪浅。对于炒股的人就更是如此,因为股市中有太多时候需要面对抉择。买股票时,你等于丢掉了以更低的价格买入的机会;卖股票时,就等于放弃了以更高价格卖出的机会。漫漫熊市,如果你不斩仓,可能会面临继续扩大亏损的风险;如果斩仓,就不再抱有补回损失的希望。必要的时候，就得拿得起放得下，因为在你舍去任何一个希望的同时，同样也回避了存在的风险，收获的却是一份心安与闲适。

股市中有许多关于执著的成功故事，其中一类典型案例就是多年坚持买入同一只股票，最终得到了几百倍、上千倍的回报，但要清楚的是，在成千上万的股票中寻找一个值得长线投资的品种，即使是专业的投资人士，也需要付出辛勤的工作，甚至只能作为一种理想。这对于普通投资者来说谈何容易？执著于一只股票而最终血本无归的例子，相信远比成功案例要多得多。学会取舍，对于普通股民而言，要远比学会分析公司财务报表来得容易，也更重要。因为学会分析可以帮助你赚钱，学会取舍却可以帮助你保住本钱，对于老百姓来讲，显然本钱比利润更重要。

面对金钱，我们要有拿得起放得下的达观，或许放弃大力地追求金钱，我们就会享受健康，获得爱情，保持一份快乐生活的心情。

## 要有所取，先要有所舍

成大事不是一味地要得到，而是要善于舍弃一些自己本来就力所不及的东西。

记得一位外国学者这样说：会快乐生活的人，并不一味地争强好胜，在必要的时候，宁肯后退一步，作出必要的自我牺牲。

鲁光，这个名字大部分读者是从《中国姑娘》这篇轰动全国的报告文学中知道的。也正是这篇报告文学的发表，使得鲁光的人生发生了重大转折。

故事发生在1981年春节前后的那段时间。当时的中国正处于一个百废待兴的年代，特别需要鼓舞人心的作品产生。这一年年末将有世界杯足球预选赛和世界杯女排赛，要是在这两项大赛中取胜,无疑是一件振奋人心的大事,将对体育战线产生重大影响。当时,鲁光是体育记者,因此了解中国女排和足球队的任务就幸运地落在他的头上。

鲁光深知这一任务的重大价值,决心努力把它完成好。然而,就在鲁光即将动身前往女排训练基地时,父亲去世的噩耗传来。对父亲一直怀着深深感情的鲁光陷入了矛盾和痛苦之中。

奔丧回家就意味着要失去采访女排这一特殊机遇,而不回家又要担上"不孝"的骂名,何去何从?经过权衡,鲁光还是以事业为重,只寄回去一笔钱,便强忍着悲痛,踏上了采访之路。

鲁光终于掌握了大量的第一手材料,写出了成名作《中国姑娘》。他的成功经历告诉我们,把握现实给予我们的机遇,一定要做到"有所为,有所不为"。

老子曾说:"无为而无不为。"不仅客观世界的情况如此,人的行为亦是如此。有时人的"无为"比"有为"更能给人带来益处,让人更快乐。一味地争强好胜,"有为"过盛,还怎么会有快乐的人生呢?

然而,在人生的旅途中,我们是否能够判断应该在什么时候有为,什么时候无为呢?无为和有为的选择取决于双方力量的对比。

无为只是一种权宜之计和求生手段,待时机成熟,成功条件已具备,便可由无为转为有为,由守转为攻,这就是中国古人所说的屈伸之术、快乐之道。为此,我们提醒人们,在人生大道的某一个点上,只有无为,方能无所不为。

少年时,常州人张史和孟州人何仁可在同一个学堂读书,并且经常在一起研究经书。后来张史先做了官,但他总是比不上何仁可的名誉好,内心里就开始嫉妒何仁可的才能,在和别人谈话时,

# 第八章
## 知取舍，明哲理

总是不说何仁可的好话。世上没有不漏风的墙，何仁可听说这件事，就想出了一个应对的办法。

张史有一个爱好，就是经常召集门生，讲解经书，以促进门生的发展。一到这个时候，何仁可就要自己的门生到他那里去非常虔诚地请教疑难问题，并且一心一意、认认真真地做笔记。一来二去，随着时间的流逝，张史明白了，这是何仁可在有意地推崇自己，为此心中十分惭愧。后来，在同僚们的交往中，再也听不到他贬低何仁可的声音了，而是不断地赞扬何仁可的人品和作为。

何仁可的这种无为化有为的做法，明代时的王阳明也用过，正是这种无为才使他免去了杀身之祸。

明朝正德年间，朱宸濠起兵反抗朝廷。朝廷派王阳明率兵去征讨，由于他出色的指挥，一举擒获朱宸濠，立下了大功。

当时的总督江彬——这位受到正德皇帝宠信之人，十分嫉妒王阳明的功绩，认为他夺走了自己大显身手的机会。于是，江彬广散流言说："最初王阳明和朱宸濠是同党，后来听说朝廷派兵征讨，才抓住朱宸濠为自己解脱。"想以此嫁祸于王阳明，并除掉他，把这个功劳夺为己有。

在这种情况下，王阳明和好友张永不得不为这一不白之冤讨论对策："如果退让一步，把擒拿朱宸濠的功劳让给江彬，就可以避免不必要的麻烦。假如坚持下去，不作妥协，那江彬等人就要狗急跳墙，做出伤天害理的勾当。"为此，他将朱宸濠交给张永，使之重新报告皇帝"朱宸濠捉住了，是总督大人的功劳。"就这样，堵住了江彬的嘴，使其不再乱说话。随后，王阳明就以疾病缠身为由，回家休养去了。

张永回到朝廷后，大力称颂王阳明的忠诚和让功避祸的贤德事迹。正德皇帝明白了事情的来龙去脉后,就重新给予了王阳明应得的封赏。

王阳明以退让之术,避免了飞来的横祸。这种以退让求生存的方法,同样也蕴含了深刻的哲理。

若干年前,鲁国的大臣公仪休,是一个嗜鱼如命的人。他升任宰相以后,鲁国各地有许多人争着给公仪休送鱼。可是,公仪休却正眼不看,并命令管事人员不准接受。

他的弟弟看到这么多从四面八方精选来的活鱼都被退了回去,很是不解,就问他道:"兄长最喜欢吃鱼,现在却一条也不接受,为何?"

"正因为我爱吃鱼,所以才不接受这些人送的鱼,"公仪休很严肃地对弟弟说,"你以为这帮人是喜欢我、爱护我吗?不是。他们喜欢的是我手中的权力,希望我运用权力去偏袒他们,压制别人,为他们办事。吃了人家的鱼,必然要给送鱼的人办事,执法必然有不公正的地方,不公正的事做多了,天长日久哪能瞒得住人?宰相的官位就会被人撤掉。到那时,不管我多想吃鱼,他们也不会给我送来了,我也没有薪俸买鱼了。现在不接受他们的鱼,公公正正地办事,才能长久地吃鱼。靠人不如靠己呀!"

有一次,一个不知名的人偷偷往他家中送了一些鱼,他无法退回,就把鱼挂到家门口,直到几天后鱼变得臭不可闻才把它们扔掉。从那以后,再也没有人敢给他送鱼了。

生活中充满了种种诱惑,在诱惑面前,我们也应当克制住自己不合理的欲望。适当取舍,对不应得到的利益不存非分之想,才是明智的作为。一个人能够约束自己的得利之心,懂得为自己的所作所为负责,即使在无人知晓的情况下也能自律,在人生道路上就能把握好自己的命运,不会为得失越轨翻车。

# 第八章
## 知取舍，明哲理

## 寻找自己的兴趣与爱好

对大部分人来说，如果一入社会就善用自己的精力，不让它消耗在一些毫无意义的事情上，那么就有成功的希望。但是，很多人却喜欢东学一点，西学一下，尽管忙碌了一生却往往没有培养自己的专长，结果到头来什么事情也没做成，更谈不上有什么强项。

明智的人懂得把全部的精力集中在一件事上，"剪掉"不适合自己干的事情，留下一个适合自己发展的空间，唯有如此方能实现目标。明智的人也善于依靠不屈不挠的意志、百折不回的决心以及持之以恒的忍耐力，努力在激烈的生存竞争中去获得胜利。

当玫瑰含苞欲放时，须剪掉它周围的花骨朵——这是大名鼎鼎的石油大王洛克菲勒的名言。道理很简单，一枝花方能独秀，富有经验的园丁们都深谙此道。他们知道，为了使树木能茁壮成长，让以后的果实结得更饱满，就必须要忍痛将这些旁枝剪去。否则，肯定会极大地影响将来的总收成。

那些有经验的花匠也习惯把许多快要绽开的花蕾剪去，尽管这些花蕾同样可以开出美丽的花朵，但剪去大部分花蕾后，可以使所有的养分都集中在其余的少数花蕾上，让它们成为那种罕见、珍贵、硕大无比的奇葩。

做人就像培植花木一样，我们与其把所有的精力消耗在许多毫无意义的事情上，还不如看准一项适合自己的重要事业，集中所有的精力，埋头苦干，全力以赴。这样才能取得杰出的成绩。

如果我们想成为一个众人叹服的领袖，成为一个才识过人、优秀卓越的人物，就一定要排除大脑中许多杂乱无绪的念头。如果我们想在一个重要的方面取得不凡的成就，那么就要大胆地举起剪刀，把所有微不足道的、平凡无奇的、毫无把握的愿望完全"剪去"。即便是那些看似可能的愿望，也要服从于自己的主要发展方向，忍痛"剪掉"。

世界上无数的失败者之所以没有成功，主要不是因为他们才干不够，而是因为他们不能集中精力、全力以赴地去做适当的工作。他们把自己的大好精力消耗在无数琐事之中，但他们竟还未从这一问题上觉悟。如果他们把心中的那些杂念一一除去，使生命中的所有养料都集中到一个方面，那么他们将来一定会惊讶——自己的事业竟然能够结出那么美丽丰硕的果实！拥有一种专门的技能，要比有十种心思来得有价值。有专门技能的人随时随地都在这方面下苦功求进步，时时刻刻都在设法弥补自己此方面的缺陷和弱点，总是想把事情做得尽善尽美。有十种心思的人却不一样，他可能会忙不过来，要顾及这个又要顾及那个，由于精力和心思分散，事事只能做到"尚可"，结果当然是不可能取得突出成绩。

现代社会的竞争日趋激烈，所以我们必须专心致志，对自己的目标全力以赴，这样才能做到得心应手，取得出色的成绩。

## 欲望：大部分人为了它沦为奴隶

人不能没有追求美好的欲望，却也不能为欲望沦为了奴隶，必须要主宰自己。当芸芸众生都在追求物欲的时候，我们如果能够放下这些欲望，就会比较容易找到幸福和快乐。

曾经有一个小村庄，由于外敌侵略，人们都纷纷离开家乡去逃难。

他们逃到河边，挤到仅有的一条小船上。刚要开船，岸边又来了一个人。他不断挥手，要求把他带上，船家说："船马上就要超载了，你得把你背的那个大包袱扔掉，不然会把船压沉的。"

那人犹豫不决，因为他背的都是非常重要的东西。

## 第八章
### 知取舍，明哲理

船家说:"谁又没有舍不得扔的重要东西呢？可是他们都扔掉了。如果不扔，船早就压沉了。"

那人还是下不了决心。

船家又说:"你想想看，到底是人重要还是包袱重要？这一船人重要还是你一个人重要？你总不能让这一船人都为你的包袱提心吊胆吧？"

事情就是这样简单，无论面临多么艰难的处境，你都要把包袱扔掉，因为它虽然只属于你一个人，但是由于你背着它不肯放下，会有整整一船人都感受到它的巨大压力，甚至为此付出代价。这一船的人为你提心吊胆，他们中有你的父母、你的兄弟、你的姊妹、你的朋友……

我们常说一个人要拿得起，放得下，但在付诸行动时，拿起容易，放下却很难。在现实生活中，该放下却放不下的事情实在太多了。比如子女升学，家长的心就放不下；又比如老公升官或者发财了，老婆也会忐忑不安放不下心，怕男人有钱变坏了；再比如遇到挫折或者因说错话、做错事受到上级和同事指责，以及被人误解等，心里就会有个结解不开、放不下。甚至有些人会因此心事不断，愁肠百结。长此以往势必产生心理疲劳，乃至发展为心理障碍。

智者曰：两弊相衡取其轻，两利相权取其重。取舍是生活中不时面对的选择，学会取舍才能卸下人生的种种包袱，轻装上阵，渡过风风雨雨的难关，静心等待生活的转机。懂得取舍，才拥有一份成熟，才会活得更加充实、坦然和轻松。

许多事情，总是在经历过后才会懂得。一如感情，痛过了，才会懂得如何保护自己；傻过了，才会懂得适时地坚持与放弃，在得到与失去中我们慢慢地认识自己。其实，生活并不需要这些无谓的执著,没有什么真的不能割舍。学会取舍,生活会更加容易。

取舍是一种智慧。汉代司马相如所著《谏猎书》中有云:"明者远见于未萌,而智者避危于未形。"卧薪尝胆的故事便说明了这一问题。春秋时期,吴国军队把越国的军队打得落花流水,越王勾践暂时舍去了王位和自己的国家,忍辱负重,给吴王夫差当奴仆。3年以后,勾践被释放回国,他立志洗雪国耻、发愤图强,每天睡在草堆上,吃饭时尝尝苦胆的滋味,以不忘亡国之耻。公元前473年,勾践率领大军灭了吴国,做了春秋时期最末的一个霸主。

在我们现实生活中,也需要有一种取舍的智慧。当你与人发生矛盾或冲突时,只要不是什么原则问题,你完全可以丢弃争强好胜的心理,这样就可能化干戈为玉帛,避免两败俱伤;当你在家庭生活中发生摩擦时,取舍争执,保持缄然,就可以唤起对方的恻隐之心,使家庭保持和睦温馨……

取舍是一种清醒。晋代陆机《猛虎行》中有云:"渴不饮盗泉水,热不息恶木阴。"讲的就是在诱惑面前的一种取舍、一种清醒。以虎门销烟闻名中外的清朝封疆大吏林则徐,便深谙取舍的道理。他以"无欲则刚"为座右铭,历官40年,在权力、金钱、美色面前做到了洁身自好。他教育两个儿子"切勿仰仗乃父的势力",实则也是他本人处世的准则。他在《自定分析家产书》中说"田地家产折价三百银有零","况目下均无现银可分",其廉洁之状可见一斑。他终其一生,从来没有沾染拥姬纳妾之俗,在高官重臣之中恐怕也是少见的。在现实生活中,也需要有一种取舍的清醒。其实,在物欲横流、灯红酒绿的今天,摆在每个人面前的诱惑实在太多,特别是对有权者来说,可谓"得来全不费工夫"。这就需要保持清醒的头脑,勇于取舍。如果贪得无厌,就会带来无尽的压力、痛苦，甚至毁灭了自己……

人生既简单又很复杂，应该取得的完全可以理直气壮，不该取得的则当毅然舍弃。取得往往容易心地坦然，而舍弃则需要巨大的勇气。若想驾驭好生命之舟，每个人都面临着一个永恒的课题：学会取舍！

## 人生的包袱你说有多重

你一定有过年前大扫除的经验吧。当你一箱又一箱地打包时，会不会惊讶自己在短短时间内，竟然累积了那么多的东西。你是不是懊悔为何之前不花些时间整理、淘汰那些不再需要的东西。这样，今天就不会累得连脊背都直不起来。

大扫除的懊恼经验，让很多人懂得一个道理：人一定要随时清扫、淘汰不必要的东西，日后才不会变成沉重的负担。人生又何尝不是如此？在人生路上，每个人不都是在不断地累积吗？这些包括你的名誉、地位、财富、亲情、人际、健康、知识等；当然也包括了烦恼、郁闷、挫折、沮丧、压力等。然而这些，有的是早该丢弃而未丢弃，有的则是早该储存而未储存。

问自己一个问题：我是不是每天都忙忙碌碌，把自己弄得疲累不堪，以至于总是没能好好静下来，替自己做"清扫"？对那些会拖累你的东西，必须立刻舍弃。扫除的意义，就好像是生意人的"盘点库存"。你总要了解仓库里还有什么，某些货物如果不能限期销售出去，最后很可能会因为积压过多拖垮你的生意。

在人生诸多关口上，我们几乎都得做"清扫"。念书、出国、就业、结婚、生子、换工作、退休……每一次转折，都迫使我们不得不"丢掉旧的你，接纳新的你"，把自己重新"清扫"一遍。

不过，有时候某些因素也阻碍我们放手进行扫除。譬如，太忙、太累；或者担心扫完之后，必须面对一个未知的开始，而你又不确定哪些是你想要的。万一现在丢掉的，将来又捡不回来，怎么办？

的确，心灵的清扫原本就是一种挣扎与奋斗的过程，不过每一次的清扫，并不表示这就是最后一次，而且你可以每次清扫一点，但至少必须立刻去丢弃那些会拖累你的东西。

有一个作家和一群好友准备去探险。当时，正逢要去的地方遭受严重旱灾。在旅途中，作家随身带了一个厚重的背包，里面塞满了食具、切割工具、挖掘工具、衣服、指南针、观星仪、护理药品等。作家对自己的背包很满意，认为已为旅行做好了万全的准备。

有一天，当地的向导检视完作家的背包之后，突然问了一句："这些东西让你感到快乐吗？"作家愣住了，这是他从未想过的问题。他开始问自己，结果发现，有些东西的确让他很快乐，但是有些东西实在不值得背着它们，走那么远的路。

作家决定取出一些不必要的东西送给当地的村民。接下来，因为背包变轻了，他感到自己不再有束缚，旅行变得更愉快。他因此得到一个结论：生命里填塞的东西愈少，就越能发挥潜能。从此，他学会在人生各个阶段中定期解开包袱，随时寻找减轻负担的方法。

## 理智的取舍胜过盲目的认真

坚持是一种良好的品性，但在有些事上，过度的坚持会导致更大的浪费。

物理上的永动机，就使很多人投入了毕生的精力，浪费了大量的人力物力。因此，在一些没有胜算和把握科学根据的事情上，应该见好就收，知难而退。

## 第八章
### 知取舍，明哲理

有人认为：如果没有成功的希望，屡屡试验是愚蠢、毫无益处的。

牛顿早年是永动机的追随者。在进行了大量的实验之后，他很失望，但很明智地退出了对永动机的研究，在力学中投入更大的精力。最终，永动机的许多研究者默默而终，而牛顿却因摆脱了无谓的研究，在其他方面脱颖而出。

在人生的每一个关键时刻，审慎地运用智慧，作最正确的判断，选择正确的方向，同时别忘了及时检视选择的角度，适时调整。放掉无谓的固执，冷静地用开放的心胸作正确抉择。正确无误的抉择将指引你走在通往成功的坦途上。

有的人失败，不是没有本事，而是选错了目标。成功者为避免失败，会时刻检查目标是否合乎实际，合乎道德。

阿尔弗莱德·福勒出身于贫苦的农民家庭，成年后，他虽然努力却失去了三份工作。之后，他尝试推销刷子。他立刻发现，他喜欢这种工作。他将思想集中于从事世界上最好的销售工作。

他成了一个成功的销售员。在攀登成功的阶梯时，他又定下一个目标，那就是创办自己的公司。如果他能经营买卖，这个目标就会十分适合他的个性。

阿尔弗莱德·福勒停止了为别人销售刷子。这时他比过去任何时候都更为兴高采烈。他在晚上制造自己的刷子，第二天就出售。销售额开始上升时，

他就在一间旧棚房里租下一块空间，雇用一名助手，为他制造刷子。他本人则集中精力干销售。最终，那个失去了三份工作的人得到了什么样的结果呢？

福勒制刷公司拥有几千名销售员和数百万美元的年收入！

一个人要想获得事业上的成功，首先要有目标，这是人生的

起点。没有目标,就没有动力,但这个目标必须是合理的,即合乎实际情况和客观规律、合乎社会道德的。如果不是,那么即使你再有本事,付出千百倍的努力,也不会获得成功。

## 取与舍,时间就是最好的选择

英国著名诗人济慈本来是学医的,后来发现自己有写诗的才能,就当机立断,舍弃了医学,把自己的整个生命投入到写诗当中去。他虽然只活了二十几岁,但为人类留下了许多不朽的诗篇。马克思年轻时曾想做个诗人,也曾经努力写过一些诗(就是后来他自称是胡闹的东西),但他很快就发现自己的长处和兴趣并不在这里,便毅然舍弃做个诗人的梦想,转到社会科研上面去了。如果他们两个人都不认识自己,没有找准自己的位置,那么英国至多不过增加了一位庸医,而在国际共产主义运动史上,也肯定要失去一颗璀璨耀眼的启明星。

伽利略是被送去学医的,但当他被迫学习解剖学和生理学的时候,却同时学习着欧几里得几何学和阿基米德数学,偷偷地研究复杂的数学问题。当他从比萨教堂的钟摆上发现钟摆原理的时候,他才刚满 18 岁。

罗大佑的《童年》《恋曲1990》等经典歌曲影响和感动了一代人。罗大佑起初是学医的,后来他发觉自己对音乐情有独钟,所以弃医从乐。他的选择是对的。

一个人要学会取舍,舍弃你不想做的事;一个人要学会选择,选择你喜欢并擅长做的事。只要你在自己的人生道路上,找到适合自己的人生坐标,你就能够充分发挥聪明才智,改变自己的命运,从而到达成功的彼岸。

## 认定切合实际的目标

一个人要想获得事业上的成功,首先要有目标,这是人生的起点。没有目标,就没有动力,但这个目标必须是合理的,即合乎实际情况;如果不是,那么即使你再有本事,付出千百倍努力,也不会获得成功。

诺贝尔奖得主莱纳斯·波林说:"一个好的研究者知道应该发挥哪些构想,而哪些构想应该丢弃,否则会浪费很多时间在差劲的构想上。"有些事情,你虽然用了很大的努力,但迟早会发现自己处于一个取舍两难的地位,你所走的研究路线也许只是一条死胡同。这时候,最明智的办法就是抽身退出,去研究别的项目,寻找成功的机会。

在人生的每一个关键时刻,要审慎地运用智慧,选择正确方向,作最正确的判断,同时别忘了及时检视选择的角度,适时调整。放掉无谓的固执,冷静地用开放的心胸作正确抉择。每次正确无误的抉择将指引你走在通往成功的坦途上。

当你确定了目标以后,下一步便是鉴定自己的目标,或者说鉴定自己所希望达到的领域。如果你决心作一下改变,就必须考虑到改变后是什么样子;如果你决定解决某一个问题,就必须考虑到解决过程中可能遇到的困难是什么。

当描述了理想的目标以后,你必须研究一下达到该目标所需的时间、人力、财力的花费是多少,你的选择、途径和方法只有经过检验,方能估量出目标的现实性。你或许会发现自己的目标是可行的,否则你就要量力而行,修改自己的目标。

有许多满怀雄心壮志的人毅力很强,但是由于不会进行新的尝试,无法成功。请你坚持你的目标吧,不要犹豫不前,但也不能太生硬,不懂得变通。如果你确实感到行不通的话,就尝试另一种方式吧。

那些百折不挠、牢牢掌握住目标的人,都已经具备了成功的要素。下面两个建议一旦和你的毅力相结合,你期望的结果便更易于获得。

1. 告诉自己"总会有别的办法可以办到"

2. 每年有几千家新公司获准成立,可是5年以后,只有一小部分仍然继续营运。那些半路退出的人会这么说:"竞争实在是太激烈了,只好退出为妙。"其实,问题的关键在于他们遭遇障碍时,只想到失败,因此才会失败。

你如果认为困难无法解决,就会真的找不到出路。因此,一定要拒绝"无能为力"的想法。

3. 先停下,然后再重新开始

我们时常钻进牛角尖而不知自拔,因而看不出新的解决方法。

成功者的秘诀是随时检视自己的选择是否有偏差,合理地调整目标,取舍无谓的固执,轻松地走向成功。

有个非常干练的推销员,他的年薪有六位数字。很少有人知道他原来是历史系毕业的,在干推销员之前还曾教过书。

这位成功的推销员这样回忆他前半生的道路:"事实上我是个很没趣味的老师。由于我的授课方式很呆板,学生个个都坐不住,所以我讲什么他们都听不进去。我之所以是没趣味的老师,是因为我已厌烦了教书生涯,对此毫无兴趣可言,但这种厌烦感却在不知不觉中也影响到学生的情绪。最后,校方终于解聘了我,理由是我与学生无法沟通;其实,我是被校方免职的。当时,我非常气愤,所以痛下决心,走出校园去闯一番事业。就这样,我才找到推销员这份自己胜任并且感觉愉快的工作。"

"真是'塞翁失马,焉知非福',如果我不被解聘,也就不会振作起来!基本上,我是很懒散的人,整天都病恹恹的。校方的解聘正好惊醒我的懒散之梦,因此到现在为止,我还是很庆幸自己当时被人家解雇了。要是没有这番挫折,我也不可能奋发图强起来,而闯出今天这个局面。"有的人失败,不是没有本事,而是定错了目标。成功者为避免失败,时刻检查目标是否合乎实际,这是最主要的。

## 舍弃过去,赢得未来

谚语说:"最大的一步是在门外。"主动放下以后并非一无所有,反而是新的人生收获的机遇。

真正懂得放下的人是智慧与容忍的结合体,有斗士的力量,有沉静的平和,他们能承受喜悦与悲哀的突然发难。

他们行动时干练、迅捷,不为感情所左右;退避时,能审时度势,全身而退,而且能抓住最佳机会东山再起;他们没有失败,只有沉默,是面对挫折与逆境的积蓄力量。

近代著名的教育家蔡元培先生,曾经是科举之路上的一个幸运儿,一帆风顺地进京当了进士,作了翰林。按常理来说,旧式读书人平生之愿不过如此,但是蔡元培先生却认识到,在清廷里已经无法见到阳光,不如自己摘掉顶戴花翎,打开人生的另一扇窗户。

1896年,蔡元培先生挂冠出都,回到南方兴办教育,开始教育拓荒与革命启蒙生涯,创造了人生的又一次辉煌。1916年,蔡元培先生从欧洲回国担任北京大学校长。由此开始直到"五四运动"发生,文化运动中从来没有缺少过他的身影,因而没有人能够估计出蔡元培先生对于现代史进程的影响。

当失去了一些以为可以长久依靠的东西,自然会有难过及割舍的痛苦，但其中却隐藏着无限的祝福和机会，让我们充分发挥生命的潜能，开辟一片新的天地。

如果我们是一朵生长在大松树下的小花，可能会庆幸有大松树遮风挡雨。当松树整个倒下来时，我们可能觉得所有的保护都失去了，从此就要任由狂风吹倒、大雨打倒。

可是事实上恰好相反，我们失去了大树的阻挡，阳光会有机会照耀我们，甘霖会有机会滋润我们，我们的身躯会因此更加茁壮，盛开的花瓣也将为世界所看到。

要想采一束清新的山花，就得舍弃城市的舒适；

要想做一名登山健儿，就得舍弃娇嫩白净的肤色；

要想穿越沙漠，就得舍弃咖啡和可乐；

要想有永远的掌声，就得舍弃眼前的虚荣。

梅、菊舍弃安逸和舒适，才能得到笑傲霜雪的艳丽；

大地舍弃绚丽斑斓的黄昏，才会迎来旭日东升的曙光；

春天舍弃芳香四溢的花朵，才能走进累累硕果的金秋；

船舶舍弃安全的港湾，才能在深海中收获满船鱼虾。

当生命被逼到了绝壁、死谷，一切才变得深刻。

有战争，就会有输赢，而我们很难保证自己能够打赢每一场战斗。《反败为胜》是美国汽车业巨子艾科卡所写的一本书，艾氏以54岁的壮龄，人生事业发展到巅峰时遭受福特汽车公司老板撤职，痛失总裁宝座。往后六年里，他阅尽世间人情的冷暖，在商场竞争的现实和残酷之中，不断忍辱精进，使尽浑身解数，在成本严控、争取融资和研究新产品的开发上，数管齐下，最后终于突破万难，创造了众所炫目的奇迹。克莱斯勒的股票一夕间回涨数倍，且供不应求，艾氏本人亦扬眉吐气，成了当代活生生的传奇。

当困境走到谷底才会反弹,而胜败常常在一线之间。如果我们有机会赢,千万别大意,因为你有可能会输得更惨;但是输的时候,也别忘了:我们随时有机会再赢回来。

## 知足者常乐

有位朋友,是个登山队员。一次他有幸参加了攀登珠穆朗玛峰的活动,在6400米的高度,体力不支,停了下来。当他讲起这段经历时,人们都替他惋惜,问他为何不再坚持一下,再攀一点高度,再咬紧一下牙关。

"不,我最清楚,6400米的海拔是我登山生涯的最高点,我一点都没有遗憾。"他说。

认清自己,在恰到好处时戛然而止,悠然下山也是一种征服,征服了自己的生命。有些事,需要及时收场,需要重新再来。只懂得一次成功的人,也许不能做成真正的大事,而且很可能因自我陶醉而归于失败。

见好就收也是一种取舍,但见好就收并不是取舍如荼的生活主流而走远,见好就收更不是强求不食人间烟火的脱俗,而是呼唤一种率直的生活理念,一种近乎平淡却真挚的人生态度。进和退是一个问题的两面,世界上的一切事情都是有进有退的。如果说"逆水行舟"是一种进的艺术,那么"见好就收"就是一种退的艺术。高明的人往往深谙见好就收的道理,因其退得及时,故常能立于不败之地。见好就收是一种取舍,是一种智慧的表现,是一种清醒的选择,是一种明智之举。

成功者在某一方面肯定有他的独到之处,但很少有面面俱到、十全十美的人。因为,人在发展某一方面的同时,也在取舍着其他的方面。尽管有的人并不知道这个道理,但并不妨碍事实就是如此。即使在一个具体的生活或工作方面，有所得亦有所失，有意识地取舍往往是争取更大成功的前提条件。

当人执拗于某一方面如金钱、名誉、地位或某项工作时，往往会表现出只专注于此，而不计其他的情况。无论是在生活的哪个方面，总想"鱼和熊掌兼得"，什么都想要的人其实经常是顾此失彼，甚至什么也得不到。见好就收，并不是让你舍弃自己既定的生活目标，舍弃对事业的努力和追求，而是丢掉那些已经力所不能及、不现实的生活目标。其实，任何获得都需要付出代价，付出就是一种取舍。人在生活中需要不断地作出选择，选择也是一种取舍。

见好就收，未必就是怯懦无能的表现，未必就是遇难畏惧、临阵脱逃的借口。有时候，见好就收恰恰是心灵高度的跨越，是睿智思索的最佳抉择。学会见好就收，不是不食人间烟火、清高自负，而是为人有道，胸怀达观；学会见好就收，不是摒弃人格、失去原则，而是坚持真理、一往无前；学会见好就收，而后获取，这是人生的一种智慧、一种哲理、一门艺术。

春秋时期越国名相范蠡是一个审时度势而急流勇退的典型人物。他一生辅佐越王勾践成就霸业，功高一世。然而，聪明的范蠡能够及时察觉出事态发展变化的趋势，在功名利禄和前途命运的双重选择下，毅然决定急流勇退，不但保全了自己的生命，而且为自己的生活开创了一个全新的起点，成为一代富商。

能够取舍一些物质、利益，是人生的一道美丽风景，有时见好就收就是一种高远目光，就是一种趋利避害，就是以退为进，就是弃旧图新。学会取舍，学会急流勇退，自己的人生就会有一个更新的起点。

## 拿得起也能放得下

有一天,坦山和尚准备拜访一位他仰慕已久的高僧,高僧是几百里外一座寺庙的住持。早上,天空阴沉沉的,远处还不时传来阵阵雷声。

跟随坦山和尚一同出门的小和尚犹豫了,轻声说道:"快下大雨了,还是等雨停后再走吧。"

坦山和尚连头都不抬,拿着伞就跨出了门,边走边说道:"出家人怕什么风雨。"

小和尚没有办法,只好紧随其后。两人才走了半里山路,瓢泼大雨便倾盆而下。雨越下越大,风越刮越猛,坦山和尚和小和尚合撑着一把伞,顶风冒雨,相互搀扶着,深一脚浅一脚艰难地行进着,走了半天也没遇上一个人。

前面的道路越走越泥泞,小和尚几次都差点滑倒,幸亏坦山和尚及时拉住了他。走着走着,小和尚突然站住了,两眼愣愣地看着前方,好像被人施了定身法似的。坦山和尚顺着他的目光望去,只见不远处的路边站着一位年轻的姑娘。在这样大雨滂沱的荒郊野外出现一位妙龄秀女,难怪小和尚吃惊发呆。

这真是位难得一见的美女,瓜子脸上两道弯弯的黛眉,长着一对晶莹闪亮的大眼睛,挺直的鼻梁下是一张鲜红欲滴的樱桃小口,一头秀发好似瀑布似的披在腰间。然而她此刻秀眉微蹙,面有难色。原来她穿着一身崭新的布衣裙,脚下却是一片泥潭,她生怕跨过去弄脏了衣服,正在那里犯愁呢。坦山和尚大步走上前去:"姑娘,我来帮你。"说完,他伸出双臂,将姑娘抱过了那片泥潭。

之后一路行来,小和尚一直闷闷不乐地跟在坦山和尚身后走着,一句话也不说,也不要他搀扶了。

傍晚时分，雨终于停了，天边露出了一抹淡淡的晚霞，坦山和尚和小和尚找到一个小客栈投宿。

直到吃完饭，坦山和尚洗脚准备上床休息时，小和尚终于忍不住开口说话了："我们出家人应当不杀生、不偷盗、不淫邪、不妄语、不饮酒，尤其是不能接近年轻貌美的女子，您怎么可以抱着她呢？"

"谁？哪个女子？"坦山和尚愣了一愣，然后微笑了，"噢，原来你是说我们路上遇到的那个女子。我可是早就把她放下了，难道你还一直抱着她吗？"

小和尚顿悟。

生活就是放下和拿起，关键是什么该放下什么该拿起，不该取舍的绝对不能取舍，该放下的一定要放下，这是做人的原则性和灵活性。

实际上，生活原来是有许多快乐的，只是我们常常自寻烦恼，空添许多愁绪。为什么会这样呢？因为我们只知道拿起，不懂得放下——我们有太多的杂念，太多的野心，太多的想法，太多的欲望……

有一个聪明的年轻人，很想在一切方面都比他身边的人强，尤其想成为一名大学问家。可是，许多年过去了，他的其他方面都不错，学业却没有长进。他很苦恼，就去向一位大师求教。

大师说："我们登山吧，到山顶你就知道该如何做了。"

那山上有许多晶莹的小石头，煞是迷人。每见到他喜欢的石头，大师就让他装进袋子里背着，很快他就吃不消了。"大师，再背，别说到山顶了，恐怕连动也不能动了。"他疑惑地望着大师。"是呀，那该怎么办呢？"大师微微一笑道，"该放下，不放下背着的石头咋能登山呢？"

# 第八章
## 知取舍，明哲理

　　年轻人闻言一愣，忽觉心中一亮，向大师道谢后走了。之后，他一心做学问，进步飞快，最终成为一名大学问家。所以说人要有所得必要有所失，只有学会取舍，才有可能登上人生的极致高峰。

# 第九章

## 把握取舍时机,做最聪明的自己

> 取舍需要很大的勇气:舍需要魄力,取需要勇气,取舍痴愚需要自制。面对诸多不可为之事,敢于取舍,是一种明智的选择。只有毫不犹豫地取舍,才能重新轻松地投入新生活,才会有新的发现和转机。舍弃所有多余的东西,一切随它而去,这既是一种看淡人生得失的理性,又是一种珍惜缘分的睿智!

### 学会取舍,成就"无我"

若了知无我,有如是人者,闻有法不喜,无法亦不忧。

上面这句话的意思是,一个人如果彻底明白了"无我"的道理,听到说"有",不会喜形于色,或听说"无",也不致忧愁恐慌。如果已知无我的道理,即知"我"这样东西,不过是由身、心、环境三种因缘结合而成的,我是暂时的假相,不是真实持久的存在。一旦达到这个境界,听到有什么可得,不会欢喜;听到没有什么可得,也不会忧愁。

世上的人因为把"我"字看得太重,所以才会有那么多的嗜好和那么多的苦恼。古人说:"如果已经不再知道我的存在,又怎么会知道东西是否贵重?"又说:"如果知道自身并不属于自己所有,那么烦恼又怎能侵害我呢?"这真是一语中的。

## 第九章
把握取舍时机，做最聪明的自己

阿难是梵语称呼，是佛教里有名的高祖，又是释迦牟尼"十大弟子"之一。他由于受到一个小沙弥嘲讽，离开了摩揭陀国，去吠舍釐城。当他正在渡河时，摩揭陀国国王听得此事，出于仰慕他的才能，于是带领数千兵马疾驰追赶，准备将阿难请回去，摩揭陀国国王将人马驻扎在河南岸。

吠舍釐国王听说阿难前来，心中十分欣喜，同时又听说摩揭陀国国王带军队来追，便也带大队人马来抢。两军对峙，旌旗蔽日，残杀即将开始。"阿难恐斗其兵，互相杀害，从舟中起，上升虚空，示现神变，即人寂灭，化火焚骸，骸中又中析，一堕南岸，一堕北岸。于是二王各得一分，举军号恸，俱还本国，起宰堵波（塔），而修供养。"

阿难如果在摩揭陀国遭人嘲讽时，去掉"我"，那么也不会离开摩揭陀国，引起两国的纷争。结果阿难把"我"舍弃了，引火灭"我"，终于得正果。取舍了"我"方可超凡入圣。现代的我们，有时候也要消除观念中的"我"，这样才能舍下一切负累。苏轼《临江仙》云："常恨此身非我有，何时忘却营营？"

现代社会逐渐分化为两个极端，一端是不甘于困窘的穷人；一端是厌倦了金钱又不断聚积财富的富人。穷人消极，富人颓废，人们都找不到回归精神家园的道路。人们之所以处于这样的状态，就是过度以自我为中心，每个人都把自己看作主体，这种自我意识是一切祸害的根源。只有消除了自我意识，人们之间的冲突才能消失。

男女恋人分手后，常常会不自觉地产生这样的想法："我真的不甘心，我一定要过得比他好！"发誓要比对方过得好，这样做只不过是要证明对方当初的选择是错误的。如果丢不下这种比较之心，那其实已经输了，证明你还没有从对方的影子里走出来。

如果一直生活在别人的阴影里,哪里还会有幸福呢?

人世的烦恼,都是缘于我们心里的割舍不下,或爱情,或名利,或金钱……由此可见,幸福是一种心境,是一种个人体会。

一个富翁,可能无聊空虚得直叹"穷得只剩下钱了";一个春风得意的人,八面玲珑却直喊"活得好累";一个情场高手,整日里依红偎翠,也会叫嚷"烦死了,别理我"!这些人的生活,无一例外都有幸福的环境,却不一定有幸福的感受。

常言道:退一步,海阔天空。学会取舍,本身就是一种明智。人生短暂,与浩瀚的历史长河相比,世间的一切恩恩怨怨、功名利禄皆为短暂的一瞬。背着包袱走一生会很辛苦,懂得取舍才有快乐。我们更该看开的是:一切功名成败都将舍我们而去,我们不过是人世间的一个匆匆过客。抓住最本质的东西才是最重要的,所以我们要学会取舍,而且还要敢于取舍。

## 古人眼中的取舍关系

老子说:"天下皆谓我道大,似不肖。夫唯大,故似不肖;若肖,久矣其细也夫。我有三宝,持而保之:一曰慈,二曰俭,三曰不敢为天下先。慈故能勇。俭故能广。不敢为天下先,故能成器长。今舍慈且勇,舍俭且广,舍后且先,死矣。夫慈以战则胜,以守则固,天将救之,以慈卫之。"

即天下都说我道大,大到无形,只有大形,所以能成无形;若有形,早已成为细小了。我有三件宝贝,持有而珍重它。第一件叫慈爱,第二件叫节俭,第三件叫不敢处在众人之先。慈爱所以能勇武;节俭所以能宽广;不敢处在众人之前头,所以能成为万物的尊长。现在有人舍慈爱而搞勇武,舍节俭而搞大规模行动,舍退让而搞领先,就会死亡。那慈爱,用于作战就可取胜,用于守卫就会坚固。天将建立主事，则以慈爱去卫护它。

老子以大道来自述其身，大道是无形的。老子对道作了总结性的表述。道的原则有三个，即老子所说的三宝，一是仁慈，也就是仁爱之心和同情之心；二是俭朴，可以理解为节俭、不奢侈；三是不敢为天下先，意思是不露锋芒、不争不夺、谦和卑下，这一层意思和老子的无为思想一脉相承，也可以说是无为思想的具体表现。

老子认为，正是因为仁慈，所以才能做到英勇无畏；正是因为节俭，统治者的统治地位才能长久，其领导的民众才能富足、安康；正是因为谦和退让，才能成为万物的尊长。我们可以从老子的思想进行推理，得出：如果我们舍本逐末，就会走上绝路，如老子所言"今舍慈且勇，舍俭且广，舍后且先，死矣"。由此可见，老子所说的三宝所具有的价值，老子称之为宝贝是恰如其分的。最后，老子得出"夫慈以战则胜，以守则固"的结论，乍一看我们不免心里犯疑：对敌怀有仁慈之心怎能够取胜、守固呢？我们从老子的整个思想体系去分析，就不难理解老子在此句中所包含的真意，老子主张无为，"慈"用另一个名词表达就是无为，无为而无不为。佛教里有"因果报应"的说辞，我们也常说"善有善报，恶有恶报"，真正的善良和仁慈的内心，其本身就是无比平和的。

和老子持有同样观点的是庄子。比如，人们最看重的功名利禄，在庄子眼里简直是一文不值的。他说，一个人，如果脚趾头长得连在了一起，或是手上长出了第六根手指，都是在正常人体上长出的多余的东西，是没有用的。人的生活也一样，除了基本的生存条件外，精美的饮食、华丽的衣饰，都是额外的物质追求。过度看重这些，人就会成为欲望的奴隶。当然，我们不是绝对地摒弃物质，崇尚"小国寡民"，那是一种倒退。要尽力克制一些浮躁情绪，抛却满足生命基本需求之外的奢望，更关注心灵的完满和丰富。郑国的列御寇，修德养道，人们尊称他为"列子"。他和庄子等人一样隐居不仕，所以也常常陷于贫困之中，面黄肌瘦。一个叫子阳的高官要送给列子一些粮食钱物，却被列子拒绝了。列子的老婆很生气，大发雷霆责问列子送上门来的东西为什么不要，还哭着说，人家嫁给有本事的人都过得快活、安逸，就列子这个没出息的男人让她过着饥寒交迫的生活，一家子都瘦成皮包骨头了。列子也不生气，还笑着和她解释："这个人不是真正了解我，只不过听别人说起我的好话，他才给我送东西。如果哪天有人在他面前说我的坏话，他也可能加罪于我。这就是我拒绝他送东西的理由。"后来，这个叫子阳的高官为所欲为，人民起来反抗，杀了他。列子如果当时受了馈赠，为其所用，肯定也会不免于祸。列子虽然贫困，却依旧平安，道德学问芳名远播。

俗话说："端人家的碗，看人家的脸，服人家的管。"所以列子宁愿忍饥挨饿，也要坚持自己的清白、独立、自主。如果人失去了自由，有再多的财物又有什么用呢？我们要知道，财物的用处，第一应该是给我们带来精神上更多的自由，第二应该是帮我们做到更多有益的事。如果为了财物而把自己变成守财奴或终生为财疲于奔命，如葛朗台老头，那就不会享受到财物所能带来的自由；或者雄踞资财，却不舍得拿出一文来为社会谋取福利，那就不会享受到财物所能带来的尊贵。

什么才是人生最值得珍贵的东西呢？我们处在物质生活极为丰富的时代，我们只有不为外物所累，才能保持心灵的安静、淡泊。在物欲横流的时代，追求金钱、讲求致富似乎成了一种普遍的社会心理，过分强调返璞归真是不现实的。面对红尘的多姿、世界的多彩，人们往往怦然心动。名利皆人所欲，所以很多人没有老子那样的坦然，没有庄子那样的随意，没有列子那样的冷静，这些人又怎能不忧不惧、不喜不悲呢？不然，也不会有那么多人穷尽一生、追名逐利，更不会有那么多人失意落魄、心灰意冷了。如果我们的心灵生满铜锈，迷失了自我，完全成为金钱和名利的奴隶，那便是人类最大的悲哀——对金钱仰望，道德容易向金钱低下头颅；对金钱膜拜，情感容易向金钱出卖贞操；对金钱痴迷，理想容易向金钱投降。所以，亲爱的朋友们，舍弃对黄金白银狂妄的占有欲吧，舍弃对财物美食狂妄的占有欲吧！

## 作出取舍也需要很大的勇气

佛曰：吾非教汝放舍其花，汝当放舍外六尘、内六根、中六识。一时舍却，无可舍处，是汝免生死处。梵志于言下悟无生忍。

有一个僧人出门办事，一不小心，掉到了险峻的悬崖下面。下坠的时候，僧人双手本能地在空中攀抓，刚好抓住了崖壁上的一段枯枝，总算暂时保住了性命。僧人悬荡在半空中，上下不得，正在取舍维谷、不知如何是好的时候，忽然看到佛陀站立在悬崖上，正慈祥地看着自己。僧人见到救星，求佛陀道："慈悲的佛陀！求求您赶快救我吧！"

佛陀慈祥地说："我救你可以，但是你要听我的话，我才有办法救你上来。"

僧人赶紧说："佛陀！到了这种地步，我怎敢不听您的话呢？随您说什么，我全都听您的。"

佛陀说："好吧！那么请你把攀住树枝的手放下！"

僧人心想，让我把手放下，势必会掉下万丈深渊，跌得粉身碎骨，哪里还保得住性命？僧人反而把树枝抓得更紧，丝毫不放。

佛陀看到僧人执迷不悟，只好离去。

该舍弃时就舍弃，舍不下就得不到，这是人生的哲理。舍得，是一种解脱，是一种破迷去执的重新选择。

有个后生从家里到一座禅院去，在路上他看到了一件有趣的事，想以此去考考禅院里的老禅师。来到禅院后，后生与老禅师一边品茶，一边闲谈，冷不防他问了一句："什么是团团转？"

老禅师随口回答："皆因绳未断。"后生听到老禅师这样回答，顿时目瞪口呆。

老禅师见状，问："什么使你这样惊讶啊？"

后生说："不，老师父，我惊讶的是，您是怎么知道的呢？我今天在来的路上，看到一头牛被绳子穿了鼻子，拴在树上，这头牛想离开这棵树，到草地上去吃草，谁知它转过来转过去都不得脱身。我以为师父没看见，肯定答不出来，哪知师父一出口就答对了。"

老禅师微笑着说："你问的是事，我答的是理，你问的是牛被绳缚而不得解脱，我答的是心被俗务纠缠而不得超脱，一理通百事啊！"

取舍，需要很大的勇气。面对诸多不可为之事，勇于取舍，是一种明智的选择。只有毫不犹豫地取舍，才能重新轻松地投入新生活，才会有新的发现和转机。舍得取舍所有多余的东西，一切随它去，这既是一种看淡人生得失的理性，又是一种珍惜缘分的睿智。人生之中，有人结缘而不珍惜，有人无缘却非要强求，如果情已逝，缘已尽，再多的舍不得也是枉然。看淡得失，尽早学会取舍，才是人生的大智慧。

当我们被杂事纠缠不得解脱时，学会取舍，才会活得自在自如。舍不下的人，就会像故事中的牛，团团转而不得自由。只有舍下

## 第九章
### 把握取舍时机，做最聪明的自己

烦心的杂事，我们才能快乐一生。

人总是希望有所得，以为拥有的东西越多，自己就会越快乐。所以，这一人之常情就迫使我们沿着追寻获取的路走下去。可是，有一天，我们忽然惊觉：我们的忧郁、无聊、困惑、无奈，以及一切不快乐，都和我们的要求有关。我们之所以不快乐，是因为我们渴望拥有的东西太多，或者太执著，不知不觉中已经执迷于某个事物。譬如说，你爱上了一个人，而他（她）却不爱你，你的世界就拴在对他（她）的感情上了，他（她）的一举手、一投足，都能吸引你的注意力，成为你快乐和痛苦的源泉。有时候，你明明知道那不是你的，却想去强求，或可能出于盲目自信，或过于相信精诚所至、金石为开，结果不断地努力，却遭遇不断的挫折。爱情，有的靠缘分，有的靠机遇，有的则需要能以看山看水的心情来欣赏，不是自己的强求，无法得到的就要舍弃。懂得取舍才有快乐，背着包袱走路总是很辛苦。

一个女孩儿失恋了，相恋了4年多的男友忽然提出与她分手。她想起他的种种海誓山盟，他说要爱自己一辈子，陪自己一辈子……她想起他对自己说的甜言蜜语："宝贝，你是我的最爱，我就愿意被你欺负……"可这一切，不过才经历了4年的时间，怎么一夜间就灰飞烟灭了呢？她每天以泪洗面，想求他不要离开自己。她给他打电话，不接，发信息也不回，后来他干脆换了号码。她发疯似的四处找他，才发现他已经辞职，搬了家，而他的朋友也都不知他的去向。她不甘心，不甘心就这样失去他。她无心工作，干脆辞了职，放任自己在漫无边际的痛苦里游荡。终于有一天，她的一个朋友说曾在一家餐厅里见到他和一个女孩儿在一起，很亲密的样子。她的泪汹涌而出，过好久才恨恨地说："我要找到他，我要报复他。"她开始抽烟，喝酒，乱交男友，可是她没有因此而获取快乐，相反却陷入了愈来愈深的痛苦之中。这个女孩儿因为不懂取舍，所以将自己推入了痛苦的深渊。爱无对错，别苦苦纠缠你的得失。他爱你时出自本意，同样也有投入和付出，离开时也并非他的故意变心，只是无法将心生的厌倦伪装成欣喜。若强迫一个不再爱你的人留在身边，比失去他更为悲哀！

除了爱情，生活中的许多事都是这样。我们在生活中，时刻都在取与舍中选择，我们又总是渴望着取，渴望着占有，常常忽略了舍。懂得了取舍的真意，也就理解了"失之东隅，收之桑榆"的妙谛。懂得了取舍的真意，静观万物，体会与世界一样博大的境界，我们自然会懂得适时地有所取舍，这正是我们获得内心平衡和快乐的最好方法。

生活有时会逼迫你，不得不交出权力，不得不丢失机遇，甚至不得不抛下爱情。你不可能什么都得到，生活中我们应该敢于取舍。取舍会使你显得豁达豪爽，会使你冷静主动，会让你变得更有智慧和力量。生活中缺少不了取舍。大千世界，取与舍、弃与得是互相伴随的，有所舍才能有所得，有所弃才会有所取。人的一生是舍弃和取得的矛盾统一体，我们应该潇洒地舍弃不必要的名利，自由地追求自己的人生目标。取舍，本身就是一种淘汰，一种选择，淘汰掉自己的弱项，选择自己的强项。取舍不是不思进取，恰到好处的取舍，正是为了更好地进取。常言道：退一步，海阔天空。人生短暂，与浩瀚的历史长河相比，世间一切恩恩怨怨、功名利禄皆为短暂的一瞬。福兮祸所伏，祸兮福所倚。得意与失意，在人的一生中都只是短短的一瞬。

## 第九章
把握取舍时机，做最聪明的自己

### 勇敢地取舍才能如鱼得水

在现实生活中，为人处世要灵活，能舍能取，善于静观其变，沉着应对。做人要时刻认识到自己所处的境地，要根据自己的实力去行事，应该取舍的时候，一定要取舍，做到有自知之明。当事态的发展尚未明朗之时，不要轻易作出决断，最好要做出取舍的准备。

历史上胡雪岩是最精通为人处世之道的人物，他善于取舍，可谓琢磨透了人生这部哲学文章。

胡雪岩在经商中有一个特点，那就是敢于取舍，但他的取舍，不是没有目的、没有原则的舍，而往往是"舍小利趋大利，放长线钓大鱼"。通过这种舍，他常常赢得了别人不能得到的利益。这种取舍是一种睿智。

胡雪岩创业的第一步是设立"阜康"钱庄。尽管钱庄有王有龄的背后支持及各同行的友情"堆庄"，然而如何才能在广大储户中打开局面呢？胡雪岩想出了一个"放长线钓大鱼"的妙计。且说开张那一天，晌午摆宴款客之后，客人相继离去，胡雪岩静下心来盘算开业的情况。做生意第一步最重要，要么谋名，要么取利，只有走准了第一步，以后的生意才会水到渠成，不断做大。胡雪岩暗自思忖了一番，明白做钱庄生意的第一步就是要闯出名头，要让人感到在这里存钱安全，有利可图。如果能做出名气，即使目前舍一点，以后肯定也能财源滚滚，但是怎样才能让名气打响呢？忽然，他脑际灵光一现，立刻把总管刘庆生找了过来，下了一道命令：马上替他立16个存折，每个折子存银20两，一共320两，挂在他的账上。刘庆生见胡雪岩迫不及待地要开这么多存折，如坠五里云雾。虽然莫名其妙，但既然东家吩咐，只好照办。待刘庆生把16个存折的手续办好送过来之后，胡雪岩才细说出其中的奥妙。

原来那些按他吩咐立的存折,都是给抚台和藩台的眷属们立的户头,并替她们垫付了底金。再把折子送过去,当然就好往来了。"太太、小姐们的私房钱,当然不太多,算不上什么生意,"胡雪岩说,"但是我们给她们免费开了户头,垫付了底金,再把折子送过去,她们肯定很高兴,她们的碎嘴就会四处相传。这样,和她们往来的达官贵人岂不知晓?无不另眼相看。咱们阜康钱庄的名声岂不就打出去了?到头来还愁没生意做吗?"

刘庆生心领神会地点了点头,心中暗自佩服胡雪岩做生意的手法。刘庆生把那些存折送出后没几天,果不其然就有几个大户头前来开户。钱庄业的同行对阜康钱庄能在短短几日内就把他们结识多年的大客户拉走颇为惊讶,不知所以然。

胡雪岩不只把目光盯着太太、小姐们等上层人物,还注意吸收下层社会人物的私蓄。他没有忽略社会底层这个重要的顾客群体,他知道,下层社会中,虽然每一个人的私蓄不多,但是积少成多,小河也能汇成汪洋大海。更重要的是,下层社会中有些人虽然地位不高,很不起眼,但是由于他所处的特殊位置,往往能在事情的进展中起到意想不到的作用。这一点被胡雪岩善加利用。

在那些存折中,胡雪岩就特地为巡抚衙门的门卫刘二爷准备了一份。胡雪岩经常出入抚台,跟刘二爷也算是老相识了。今钱庄开业,他送给刘二爷一份存折,一则算是送给老朋友一份薄礼,二则因为刘二爷是个守门人,从他眼皮底下来往的有名有姓、有头有面的人物不少,刘二爷的信息十分灵通,以后或许会在某个方面得到刘二爷的帮助。

后来,胡雪岩真的通过一个极其偶然的机会,从刘二爷那里得来了一个非常重要的信息,即朝廷所发的官票。因此,胡雪岩又掌握了一次先机，大大地发了一笔财。

在清廷攻打太平天国初期，一个偶然的机会让胡雪岩提前得知了官票即将发行的消息。官票大体与现今国债类似，只是它是一种可以上市流通的银票，可以兑换现银，也可以代替制钱"行用"——用它抵交应按成缴纳的地丁钱粮和一切税课捐项，称为"户部官票"。

事情是这样的。一日，一位钱庄老主顾在路上碰到了钱庄总管刘庆生，他将刘庆生悄悄地拉到僻静之处，从身上掏出一个铁盒子，取出两张银票交给刘庆生看。刘庆生一眼便觉得异常，觉得那张银票不同于一般的银票。只见那银票是皮纸所制，上面写的是满汉合璧的"户部官票"四字，中间标明"库平足色银一百两"，下面还有几行小字："户部奏行官票，凡属将官票兑换银钱者，与银一律，并准按部定章程，搭交官项，伪造者依律治罪。"刘庆生平素见识的银票不算少，但从未见过这种银票。细问之下，得知这银票在京里也是刚通行，听说抚署已经派人前往领去了，市面上不久就会流通。

刘庆生将这两张银票揣入怀里，直奔胡雪岩处而去。

胡雪岩命刘庆生把来源钱庄和鸿财钱庄的大东家们请来一同鉴赏，以期弄清其来龙去脉。

来源钱庄的大东家孙胖子，反反复复地端详，然后放下银票说："我隐约听说，京里要发行新官票，没想到已经出来了，上面做事也够快的了。"

"这种官票不知道发行了多少，说的虽然是'属将官票更换银钱者，与银一律'，但如果这种官票太多，现银不足，那咱们钱庄岂不要蒙受损失了吗？搞得不好，会招致灭顶之灾啊！"鸿财的一位大东家摇摇头，忧虑地说道。

大伙此时将目光射向了胡雪岩。胡雪岩却是满脸沉思之色。客人走后,当刘庆生问起胡雪岩的意见时,胡雪岩摇了摇头,又仔细看了看银票,说:"乱世出英雄。越是乱的时候,才越有机会。有其弊必有其利,最关键的是,我们随时都要抓住有利的一面,就会永赚不赔。这就好比做米生意,跌得差不多时,就买进;涨得差不多时,就卖出。卖米是这样,做钱生意更是如此。你明白了吗?"

两天后,杭州钱业公司召集同行开会,商讨如何处理上头交下来的二十万两"户部官票"。刘庆生作为胡雪岩的代权人,在召集会上复述了胡雪岩关于"户部官票"的观点,并率先认销了两万两官票。其他钱业同行也踊跃认销,结果二十万数的"户部官票"还不够分派。在兵荒马乱的年月,钱业还出现此种景象,连德劭年高的钱业值军执事也颇为吃惊,因此对阜康钱庄很是佩服。自此,"阜康"这块招牌,不但在同行之间,而且在朝廷里,也立刻响亮起来,经过阜康钱庄转兑、私蓄的朝廷官员也越来越多。

这次成功实在应该得益于他当初"舍"给刘二爷的一笔小财。在寻常人的眼光看来,胡雪岩在经营中的一些做法实在是"舍本生意",但胡雪岩的高明就在于他能看到长远的利益,因此不惜牺牲眼前的小利,他的投资往往也都得到了很好的回报。

胡雪岩目光高远、以小诱大的策略还体现在他对待另一件事上。一次在酒席上,酒过三巡,胡雪岩和罗尚德就开始了推心置腹的谈话。罗尚德见胡雪岩如此豪爽,果然名不虚传,便把自己的经历与想法和盘告诉了胡雪岩。胡雪岩听说之后,当即表示:四年后,罗尚德回来取款,连本带利一万五千两银子,分文不少,其付出的利息已远远超出了平常的存款;若罗尚德不幸回不来,胡雪岩就亲自去他丈人家交还这一万五千两银子,以了却他的承诺。凭这几句话，罗尚德就对胡雪岩的侠义气概佩服得五体投地，他连存折都不要，就离开了阜康钱庄。

若以平常眼光来看，胡雪岩的这一慷慨之举似乎失当。然而，它带来的广告效应马上就显露出来了。胡雪岩的侠义很快就得到了回报。罗尚德回到绿营军，把自己到阜康钱庄存款的事告诉其他士兵后，这些即将出征的士兵纷纷把自己的积蓄都存放到了胡雪岩的阜康钱庄。短短几天时间，阜康钱庄就收集了这类存款30万两之多，一下子就解决了钱庄新开业家底不厚的问题。

在现代生活中，许多人具有胡雪岩这样的敢于取舍的精神。他们的睿智，表现在目光长远，不为一时利益所限，最终得到了丰厚的回报。

《孙子兵法·九变篇》上说："智者之虑，必杂于利害。杂于利，而务可信也。杂于害，而患可解也。"因此要善于趋利避害，"两利相权取其重，两害相比趋其轻"。二是分析对比。取舍之前要广泛收集情报，再以科学的方法和客观的态度来作对比分析，以作出正确的抉择。

## 果断地取舍，把诱惑阻挡在大门之外

清代著名书画家郑板桥擅长画竹、兰、石、菊，字写得也棒。当时，慕名上门来求他字画的人不少。不过，郑板桥恃才傲物，鄙视权贵，一些达官显贵想索求书画，哪怕推着装满银子的车来，也被拒之门外。有位大富豪新盖了幢别墅，豪华富丽，但就是缺少点斯文气息。于是他想让郑板桥给他画两幅字画来个高雅脱俗，可登门求了多次，都被郑板桥借口推辞了。一天，郑板桥出来散步，忽然听见远处传来悠扬的琴声，曲子甚雅。于是，循声而来，发现琴声出自一座宅院。院门虚掩，郑板桥推门而入，眼前的情景让他大感惊讶：庭院内修竹叠翠，奇石林立，竹林内一位老者鹤发童颜，银髯飘逸，正在抚琴而鸣。哎呀，这不分明是一幅画吗？老者看见他，立即戛然而止。郑板桥见自己坏了人家兴致，有点不好意思。老者却毫不在意，热情让他入座，两人谈诗论琴，颇为投机。谈兴正浓，突然，传来一股浓烈的狗肉香。郑板桥感到很诧异，但口水已经忍不住要流下来了。不一会儿，只见一个仆人捧着一壶酒，还有一大盆烂熟的狗肉，来到他们面前。一见狗肉，郑板桥的眼睛就粘在上面，老者刚说个"请"字，他连故作推辞的客套话都忘掉了，迫不及待地狂喝酒、猛吃肉。风扫残云般地吃完狗肉，郑板桥这才意识到，连人家尊姓大名还不晓得，就稀里糊涂在人家这里大吃了一通。现在酒足饭饱，总不能就这么一甩袖子，说声"拜拜"就走吧！于是提议给老人家画几幅字画以作纪念。

老者找来纸笔，郑板桥画完，又问老者的名。老者报了一个，郑板桥觉得耳熟，但又想不起来是怎么回事，就在落款处题上"敬赠某某某"。看看老者满意地笑了，郑板桥这才告辞离去。第二天，这几幅字画就挂在了大富豪别墅的客厅里，大富豪还请来宾客，共同欣赏。宾客们原以为他是从别处高价购买来的，但一看到字画上有他的大名，这才相信是郑板桥特意为他画的。消息传开后，郑板桥简直不相信自己的耳朵。他又沿着那天散步的路线去寻找，发现那原来是座无人居住的宅院，这才意识到，自己贪吃狗肉，竟然落入人家的圈套，上当啦。

俗话说：拿人家的手短，吃人家的嘴软。有极少数人会送一些小恩小惠来换取自己更大的不正当利益。如果接受了别人的好处，就会在原则问题上不能客观公正而又明智地坚持自己的立场，显得底气不足，就会犯错误。所以，不要接受突然而至的无端好处。

## 第九章
### 把握取舍时机，做最聪明的自己

古语说得好："莫伸手，伸手必被捉。"一旦接受了人家的好处，占了人家的便宜，再拒绝起人家的请求来，就不那么好意思开口了，尤其是面临有些人想以此谋取不正当利益的情况。所以，要做到诱惑面前知道取舍，不以身试险。大是大非面前，要头脑清醒，有所为有所不为，不做损人害己的傻事。

巴蜀一带的卓氏，不仅是当地著名的巨富，而且在全国都有点名气。卓氏的祖先是战国时期的赵国人。在那一带，老卓家冶炼的铁器远近闻名。

秦灭赵国后，曾经把天下富豪迁到首都咸阳一带，以便加以控制，防止他们闹事。赵国一带的富豪却是被迁到蜀地去的。那时交通极不方便，蜀道难，难于上青天。卓氏夫妇不畏艰险，推着车子，来到了西南的蜀地。

蜀地地域辽阔，土地肥沃，人烟却很稀少。不少外地迁来的人，都希望在离内地近一些的葭萌关一带定居。为达到这个目的，他们还不惜花钱贿赂主管他们的地方官吏。

卓氏来到蜀地之后就想，既然远道而来，就该找个能发挥自己长处的地方。卓氏主动要求到较远的临邛一带去，他说："葭萌关土地瘠薄，岷山之下才土地肥沃，到死也不会饥饿。那里的百姓善于纺织，做买卖比较方便。"原来，卓氏心里早就有谱了。土地肥沃的地方买铁器工具的人才会多，商品买卖盛行的地方便于做生意。

卓氏到临邛一带定居下来，找到了丰富的铁矿石资源，便重操旧业，招兵买马。高炉竖起来了，风箱响起来了，铁器冶炼锻造越搞越红火。这一带铁器普遍比内地的要差多了，蜀地是天府之国，西南少数民族聚居的地方铁器缺乏，卓氏找到了天然的巨大市场，他的铁器生产得越来越多，买卖越做越大，生意越来越好。

他的工场规模,在当时已不算小,拥有800多名家奴。平时靠冶炼赚足了钱,心情好的时候到风光绮丽的原始森林旅游,到天然牧场射猎。这种生活,王侯也比不上。

卓氏舍近求远的故事启示我们:人生中要学会选择,懂得取舍。

孟子有一句名言:"人有不为也,而后可以有为。"人生苦短,活着便是不易。聪明人知道有所不为,知道趋吉避凶,有的事情一定去做,有的事情一定不做,有的事情可做可不做,顺其自然。灵活变通是成大事者必须具备的人格智慧。做人要有所选择,有所取舍,适时应对变化的情况,选择最有利于自己的形势去前进、去拼搏,去相机而动。生活中不少人勇于取舍,为今后的发展保留了本钱。

鲁迅、郭沫若原本是学医的,如果他们不改弦易辙,也许会成为名医,但绝不会有后来的杰出文学成就。真是退一步,海阔天空。

取舍是一种智慧,更需要胆识和勇气。正如《易经》中所说的那样,聪明的人们知己而行,不为小利而涉险盲动;而是果断取舍,从人生的艰难险途转向通往成功的康庄大道。

## 切莫贪心,及时取舍

古人云:"功成而身退,为天之道;知进而知退,为乾之亢。"

功成名就之后应急流勇退,这才符合自然规律。对于功名利禄,明智之人忍耐住对权力的渴望,在事业成功之时,全身而退。如果你的事业达到鼎盛时,没有意识到将要衰退的趋势,你将会走向取舍两难的境地。

说客出身的范雎任秦国宰相,以"远交近攻"的策略使秦国

# 第九章
## 把握取舍时机，做最聪明的自己

军事能力日益强大，为秦国的发展作出了很大贡献。可是到了晚年，他却出现重大失误。他推荐的将军带领两万将士投降了敌人。投降乃是"株连九族"之罪，推荐者也难逃其咎。范雎虽深得秦王信赖可免于一死，但他心中一直忐忑不安。这时蔡泽劝慰他说："逸书里有'成功之下必不久处'之说，你何不趁此时辞去宰相之职呢？这样你不仅可保伯夷那样清廉的名声，又可享赤松子般的长寿，若还眷恋宰相之位，日后必招致祸害！请您三思。"范雎听完大悟，于是请奏辞职并荐蔡泽为相。范雎可算是善纳言的君子，功成身退，"肥遁"了，将事业传位于人，安享晚年，因而祸害最终未殃及到他，实属高境界之人。

祸害往往会在盛时埋下祸根，而某种机遇又往往会在困境中种下善果。一个人若是能在适当的时间选择做短暂的"取舍"，不论是自愿的还是被迫的，都是一个很好的转机，因为它能让你留出时间观察和思考，使你在独处的时候找到自己内在的真正世界。大千世界，茫茫人海，有坦直大道，也有险恶崎岖。要站得起，立得直，就要懂得纵横捭阖，审时度势，取舍随缘，慎终如始。棋有棋道，下棋高手都能胸怀大局，洞若观火，勇于迎战，敢于胜利，正视失误，胜不骄，败不馁，守信用，懂规矩。他们沉着冷静，三思后行，运筹帷幄，机动灵活，呕心沥血，落子生根，善于求新，敢于开拓。会玩牌的人总会在赢钱后收手，"见好就要收，处世不可贪"是聪明人需切记的名言。古往今来会做加法的英雄很多，会做减法的智者却很少。于是我们发现那些英雄在做足加法后不懂适可而止，还一味地扑上去，结果加数引起变数，反被外部世界做了减法，失败了。与其被外部世界做减法灭掉，不如我们自己先做减法停止游戏，终止原有游戏规则的控制，便可无恙。

20世纪60年代初,香港人刘文汉在一次与美国朋友的交谈中,意外得知假发在美国很有市场。后来,他通过认真仔细地调查了解,发现美国的"假发热"确实有其深刻的社会原因:当时美国黑人反对种族歧视、争取平等权利的斗争与声势浩大的反对越战的学生运动,汇合成一股巨大潮流,冲击着美国社会。在动荡不安的美国社会中,出现了以长发为标志的一些嬉皮士,戴假发成了当时的时尚。美国市场对假发的需求量空前之大,无疑给假发制造业开创出了一个前所未有的黄金时期。刘文汉看清了假发市场的广阔前景后,立即开始调查制造假发的原料来源和制作人员、制作工艺。当时香港有人利用从印度和印尼进口的真发制成各种发型的假发,成本相当低廉,而成品售价却高达300港币。刘文汉经过一番深思,当即做出重大决策,决定在香港创办假发工厂向美国市场销售。可是,当时香港没有一家生产假发的工厂,连一个美国人所需要的假发样品也弄不到,刘文汉对这一行也丝毫不懂。于是他请来专门替粤剧演员制造假须假发的师傅,并对传统的假发制作工序进行现代化改造,购进制造假发的机器和原料。终于,第一批假发生产出来了。

当刘文汉拿着自己公司制造的新型假发向美国连卡佛公司行销时,连卡佛公司的高级职员简直不敢相信这样质地优良的假发会是香港的工厂制造的。因为在此之前,香港还没有一家像样的假发制造厂,美国进口的假发大多数是法国工厂制造的。他们的速度如此之快,让人觉得太不可思议了。连卡佛公司对刘文汉公司生产的假发质量非常满意,立即和他签订合同,每月进货100个,每个价格是500港元,仅是法国同类制品的三分之一。第一炮打响后,消息不胫而走,订货单随即雪片似的飞来,刘文汉的钱袋迅速鼓起来,很快就成了香港的一大富豪。

一年之后，香港出现了300家假发制造厂，雇佣工人数千名。在20世纪60年代的10年里，香港假发的出口总值高达10亿港元之巨，在香港制品出口中占第四位。刘文汉当选为香港假发制造商会的主席，被誉为"假发业之父"。

刘文汉并没有被一时的辉煌冲昏头脑，他发现假发制造业竞争者日益增多，繁荣的假发市场背后已经显露出衰退的迹象。

有句话说得十分形象：旧鞋子没破该取舍就得取舍，老生意好做该变也得变。于是，他当机立断，急流勇退，放弃了假发制造业，回到他的出生地澳大利亚，去开创葡萄酒酿造业。他先把离悉尼只有10公里远的一家葡萄园买下，接着又动用上千万港元买下了当地一家酿酒厂。70年代后期，美国的假发业如潮水般消退，香港的假发制造厂商纷纷关门倒闭。号称"假发之父"的刘文汉却在海外安然无恙，而且还拥有一家位列全澳前10名的大酿酒厂。

取舍，需要智慧和远见，需要进行周密无悔的判断，下定决心然后破釜沉舟，果敢行事。只有及时取舍，方能显英雄之本色。做人做事不仅要知时而进，更要应时而退。常言道"花无百日好，月无百日圆"，所以"得些好处须回首"。一个良好的取舍，也应该和伟大的胜利一样受到尊敬。

## 取与舍会给你带来更多快乐

为者败之，执者失之。

老子说，勉强作为的人必定会失败，固执的人必定会有所失去。他认为对有些事执著是没有必要的，我们必须学会取舍，敢于取舍。

其实，生活并不需要这么些无谓的执著，没有什么真的不能割舍，学会取舍，生活会变得更容易。

人是有思想感情，有欲望的，总是向往着完美的境界。然而缺憾也是不可避免的。月亮不可能夜夜圆满，花朵不可能四季香艳。人生的苦乐有多种，失去了自以为宝贵的，难免是痛苦的，但一个人如能坦然面对失去，并能主动舍弃那些可有可无、并不触及生活要求的东西，那他的一生必将赢得更多的轻松和愉快。

追求进取，我们应该不轻言取舍，可现实生活中的种种残酷，又让我们不得不学会取舍。我们不可能什么都能得到，所以应该学会取舍。割舍沮丧时的坏心情，放弃一次没有把握的面试，放过费力也做不好的事情，丢弃一切对自己不利的东西……无谓的执著，常常给自己带来痛苦，增加心理负担，使现实变得残酷。善于取舍，能使人释然，令人豁达。

要想有永远的掌声，就得舍去眼前的虚荣。舍弃，并不意味着失去，因为只有取舍才会有另一种获得。

选择取舍，不是扔掉一切、得过且过，而是善于审时度势，从自己的实际出发进行明智的选择。人生的有些部分，对我们来说是万万不能取舍的，像热爱生活，珍惜时光，保持乐观向上的心情，追求身心健康等。

与其苦苦地追求那遥不可及的理想，倒不如学会取舍。坚持的精神固然可嘉，但你可知道胜利的背后又有多少不为人知的痛苦与悲伤？舍弃那些注定不属于自己的东西，舍弃那份带来痛苦的执著，舍弃那段伤害自己又伤害他人的爱情，去寻找更美好、更适合自己的目标，去寻找能更快达到成功彼岸的航线。

人的一生，总是怀着无边的欲望，企图更多地占有，并将这种占有美化，寻找出种种借口，比如有追求，上进心强等。我们以为自己拥有的越多，就会离幸福越近。许多人不管自己的驾驭能力有多大，得陇望蜀，这山望着那山高。即使占有的东西原本没什么大用，也不愿舍弃；即使心灵已经很累，也不怕再增加沉重的负担。我们全部的错误，在于愚蠢的坚持。

从出生到长大，我们耳边总是塞满别人的嘱托和规劝：刻苦学习，力求上进，为拥有令人羡慕的事业而奋斗，为拥有幸福美满的人生而拼搏。上学要上清华北大，甚至哈佛或麻省理工学院；从商即使做不了比尔·盖茨，也要做李嘉诚。不管这些目标是否切合实际，是否能够企及，几乎所有的人总是在谆谆告诫我们，拥有知识，拥有财富，拥有权势，拥有……问题是，这些要求往往让我们无所适从。究竟哪些蛋糕更适合我们的胃口，哪些美丽的花朵更适合我们去欣赏或采摘，没有人告诉我们正确的道路，更没有人能替我们作出决定。什么选择是正确的、切实可行的，只会指手画脚的人们，不了解你以及你的处境，因而他们谁也给不了你正确的建议。所以，我们仅仅学会拥有是不够的，仅仅学会拥有也是不现实的，还必须学会取舍。只有学会取舍，才可能更好地拥有。

取舍其实就是一种选择。走在人生的十字路口，你必须学会舍弃不适合自己的道路；面对失败，你必须学会舍去懦弱；面对成功，你必须学会放弃骄傲；面对弱者，你必须学会丢掉冷漠……我们只有在困境中放下沉重的负担，才会拥有必胜的信念。取舍我们必须取舍的、应该取舍的，我们才可能更多地拥有。因为只有虚怀若谷，才可能吞云吐雾；只有浩瀚如海，才可能不择江河。因此，从这个意义上说，学会取舍，甚至比一味追求拥有更重要。

取舍绝不能成为我们在困境中选择逃避的借口，绝不能成为事业上免除责任的托辞。在取舍中，我们依然要将风雨担在肩头，不让正义从身边溜走。舍弃心中的壁垒，绝不是取消我们争胜的气魄；去除身上的冗物，绝不是丢弃我们战斗的利刃。

记得有一位大学教授曾向圣地亚神父问道。神父先是以礼相待，却不说道。他将茶水注入这位客人的茶杯，水溢了，神父还在不断地注入。直到这位教授忍不住提醒时，神父才停住。神父说：你不先把自己的杯子倒空，让我如何对你说道。大学教授恍然大悟。难道圣地亚神父不是在告诉我们，学会取舍才可能重新拥有吗？事业中是这样，生活中也是这样。时代不同了，取舍的方法和内容也不尽相同。面对新的实际，需要我们在事业和生活中好好学习，好好把握。取舍绝不是一种简单的减法，取舍甚至就不曾是减法。舍弃自己旧的思维模式，就可能赢得新的胜利，创造历史。

即便是一辆汽车，所能承载的重量也是有限的。如果不合理利用，只能被不堪承受之重压垮，到头来什么也不会属于自己。舍去那些力所不及、不切实际的幻想，舍去盲目扩张的欲望，舍去那些我们不想拥有的和那些对自己毫无意义甚至有害的东西，争取一切该得到的东西，瞄准自己的大目标，全力以赴，努力拼搏，才会成就一番大事业。

## 勇敢取舍，舍卒保车

俗话说，祸未必就是祸，福也未必就是福。祸福相生，变幻无形。这就要求我们有全面把握事物本质的意识，而墨子则更加明确地提出了应全面权衡利害关系的辩证思想，即"两而勿偏"。墨子认为人们思考问题应考虑全局，要全面地看问题，而不应片面性地看待。只有这样我们才能作出正确的选择。墨子认为一切行为包括经济行为的目的，都在于取利避害。这里的利，是指得到后觉得喜欢的事物；这里的害，是指得到后觉得厌恶的事物。《墨经》说："利，所得而喜也；害，所得而恶也。"取利避害必须根据一定的标准，遵循一定的规则，选择一定的方法，而这标准、规则和方法，集中体现在其"权"的思维中。《墨经》中说：权，欲之权利，恶之权害。权，就是权衡事物的利害，对于自己想要的事物，要权衡利大利小；对于自己厌恶的事物，要权衡害多害少。另外，权衡的时候也必须兼顾利害双方，不可偏于一方。

墨者注重经验，注重实践，认为"言"见之于"行"才有价值，"权"的思维同样要在实际中履行，从实践中考察其效果，看是否符合"国家百姓人民之利"。

面对取舍手指与取舍手腕的选择，宁取断指的小害，而不取断腕的大害，这就是通过被迫的、不得已的舍弃手指以达到存腕的目的，就是所谓"断指以存腕"。这里表达了墨者这样一个论点：取小害从一定意义上说，不是取害而是取利。假如我外出经商，行到深山老林，遇到一群杀人越货的强盗，这件事情本身是一种害，但如果可以在"断指"和"亡身"二者中选择，我宁愿选择"断指"这一小害，以避免"亡身"这一大害。这就是选择以不得已的断指手段，来达到保全生命的目的，从一定意义上说，不是取害而是取利了。

西汉初年，汉高祖刘邦中了匈奴单于的"以弱示敌"之计，被困在白登山达七天七夜之久。后设计用重金贿赂冒顿之妻，方才得以涉险逃脱。当时，冒顿兵强马壮，手握40万匈奴铁骑。平城之战后，更是数次南下，侵扰汉朝北方边境。刘邦此时正一心打击国内异姓诸侯王的势力，无暇北顾，而且又亲自领教过匈奴士兵的剽悍，所以刘邦深为担忧，就招来建信侯刘敬商讨对策。

刘敬是一位颇有卓见的大臣，早在白登之战前就看穿了冒顿故意示弱的计策；可惜刘邦未听，反而将他痛骂一顿。从白登逃回后，刘邦对他大加封赏，并言听计从。刘敬首先向刘邦分析了当时的形势，认为天下初定，士卒疲惫，不宜武力征服，而冒顿弑父而立，又娶庶母为妻，所以用仁义向他说教也一样没用。然后刘敬指出，只有与匈奴和亲，将刘邦长女嫁给冒顿，才是一劳永逸之法。只要汉朝肯给予出嫁的公主丰厚的陪嫁，那么冒顿与公主的儿子必会被立为太子。如此，冒顿活着是刘邦的女婿，死了太子即位也还是刘邦的外孙，做外孙的当然不会与外祖父为敌了。如不以长女相嫁，而用别人代替，冒顿会认为汉朝没有诚意，那么努力就白费了。刘邦对此计很是赞同，就想将长女嫁给冒顿，但妻子吕后闻听后哭泣不止。无奈之下，刘邦只好从宗室中选了一名女子作为公主嫁给冒顿，并随行赠给冒顿大批财物，于是双方缔结了和亲的条约。汉朝每年奉给匈奴财物酒食，以兄弟相称，自此友好往来。

刘邦死后，吕后听政，冒顿渐渐骄横起来，竟然写书信派使者给吕后说："我是个孤寂的君主，出生在荒凉的草泽之中，成长于牛马成群的原野之上，屡次到达边境，希望能入中国一游。而今你新死了丈夫，想必寂寞难耐。既然我们都不快乐，无以自娱，不如相聚取悦。"如此下流的信是对汉王朝的极大侮辱，吕后大怒，召见群臣，欲杀掉匈奴信使，发兵攻打匈奴。唯有大臣季布意见相左，指出以汉朝现在的实力，尚不足以战胜匈奴，且夷狄不知礼节，如同禽兽，其言善不足喜，其恶习亦不足怒，不如忍一时之气，再作打算。吕后权衡再三，认为季布言之有理，便按下怒火，回信一封，卑躬屈膝地说道："蒙您恩惠，不忘敝国，赐来书信，不胜感激。我已年老气衰，发白齿落，行步失度。您大概是误信了谣言。我的丑貌已不足以娱悦您了。奉上我的御车二辆，御马八匹，请求您的宽怜。"冒顿看到此信，受到感化，又派使者来回谢道："我不懂中国的礼仪，谢您没有降罪于我。"并回赠马匹给汉朝。于是双方再次修好，通婚和亲。和亲政策虽建立在汉朝廷一时屈辱的基础上，但为汉朝稳定内部政权、获得长足发展创造了有利的条件，更为汉武帝九击匈奴、彻底改变汉匈间的不平等关系奠定了基础。

汉朝历代统治者犹如吕后，虽受一时之辱，但不可不谓"害中之取小害，利中之取大利"。可惜自从昭君出塞被骚客文人渲染得凄凄惨惨后，后世对和亲政策总是非议不断，看不出其"小害中的大利"，大多主张武力征服，其结果自然是事与愿违。

人生的道路是布满荆棘的，世间万物也是利弊共存的。无论是个人，还是国家、民族，在发展的道路上都不是一帆风顺的。我们在面对利害关系时应审时度势，辩证地处理，才能趋利避害，求得生存，求得发展。而墨子"舍指以存腕""两而勿偏"的思想正给我们指出了一条光明大道。我们应充分利用这一辩证思想去分析事物矛盾的双方，力争全面地把握事物的全貌，从而做到"舍指以存腕"。

## 坚决舍弃不义之财

《孟子》中记载说，齐国国王派人送了一百镒金子给孟子，孟子拒绝了。后来，薛国又送来五十镒金子，他却接受了。孟子的学生陈臻感到十分奇怪，问道："如果说以前不接受齐国的金子是对的话，那么今天接受薛国的金子就应该是错的。反过来，如果今天是正确的，那么以前就是错误的。这里有什么道理呢？"孟子说："在薛国的时候，当地发生了战争，国王要我为之考虑设防的事，所以我应该接受我劳动所得的报酬。至于齐国，我没有做什么事，却赠金子给我，显然是想收买我，你哪里见过君子是可以用金钱收买的呢？所以，或辞而不受，或受而不辞，在我来说，都是根据道义来确定的。"

孟子在这里表达了自己通权达变的智慧，正如他所说，对于钱财应该采取当受则受,当辞则辞的态度,正当的就接受,不正当的就要取舍。

在《论语·雍也》篇里,我们已经看到,当公西华被孔子派去出使齐国时,冉有替公西华多要一些安家口粮。可孔子认为,公西华做大使"乘肥马,衣轻裘",有的是钱财口粮,所以并没有多给他安家口粮。可是,当原思做孔子家的总管而自己觉得俸禄太高时,孔子却劝他不要推辞。这与孟子在齐国推辞而在宋国和薛地却接受一样,都是令一般人不理解的,但无论是孔子还是孟子,他们之所以这样做,都是有自己的一番道理的。总起来说,就是孔子所说的:"富与贵,是人之所欲也,不以其道得之,不处也。"也就是我们常说的"君子爱财,取之有道"。从思想方法上来说,就是既坚持原则又通权达变。

不仅处理经济问题如此,就是个人的立身处世也是如此,所以孟子说孔子是"可以仕则仕,可以止则止;可以久则久,可以速则速"的"圣之时者",也就是突出他通权达变而识时务的一面,甚至包括孔子的名言"用之则行,舍之则藏"和孟子的名言"穷则独善其身,达则兼善天下"等,也无不是这种精神的体现。

今天我们处于市场经济时代,金钱的受与不受这个问题也时常摆在人们的面前。孟子的基本原则是:"焉有君子而可以货取乎?"舍弃不明不白的钱。在这样的原则前提下,当接受则接受,当拒绝则拒绝。这种处理态度,对我们是有借鉴意义的。

当然,关键是在对那"当"的理解上。理解错误,或者是故意理解错误,把不当接受的作为当接受的统统接受了下来,那就要出问题,要被人"货取"了。所以,君子不可不当心啊!

钱财对于人来说固然重要,但人不能钻到钱眼儿里去,因为世界上还有比钱更重要的东西,那就是人的品格和德行。从古至今,有钱的富翁有多少人们无法知晓，而谈起那些古今德高望重的圣贤，却如数家珍，正如诗人臧克家在诗中写的那样："有的人死了，他还活着；有的人活着，他已经死了。"所以在利与义之间，君子的做法是舍利取义。对利可以含糊，对义却决不糊涂。

自古以来，君子爱财，取之有道，在人们之间广为流传。据说，东汉乐羊子，偶尔拾得一块金子，拿回来交给妻子。他妻子说："听人说有骨气的人不饮盗泉之水，因为它名声不好；廉者不受嗟来之食，因为不愿意接受侮辱。

想不到你竟会因为一块金子而败坏自己的名誉！"乐羊子听了十分惭愧，赶紧将金子丢掉。

在现代社会中，人人都想发财，但如何发财，也应讲究发财之道。小人发财取不义之道，这种歪门邪道不可取；君子爱财，取之有道。这道应该是正道——勤劳致富，而绝对不是凭耍小聪明去钻营。真正的君子不是不爱钱、不懂得钱之用处的傻瓜，而是明白如何赚取应该得到的钱。君子在该得到的钱财面前，当仁不让，绝不会被小人当做木头劈；但是对不义之财，应当果断地舍弃。

我们强调在人生中忍利勿贪，并不是反对人们赚钱发财，只是希望人们通过正当的手段劳动致富。不管是体力劳动还是脑力劳动，只要是用辛勤汗水换来的财富，多多益善。这样的钱财，花着痛快，拿着心安。

在闻名世界的美国纽约自然博物馆里，陈列着一块数百公斤重的大石头，看上去很普通，可是仔细看，会发现这块石头有一个缺口，顺着缺口看进去，会发现里面是一块闪光耀眼的紫水晶。关于这石头，有一个动人的故事。

它本是扔在一户美国人家院内的一块废石，因主人觉得它有碍观瞻，让人把它移走。在向车上搬运时，工人不小心把它掉到了地下，摔出了一个缺口，露出里面包着的紫水晶——价值连城的宝物。当主人知道了真相后，很平静地说："这块石头，我本来就是要丢掉的。现在发现它是宝物，想必是上帝的旨意。

我一言既出，绝不反悔。我决定不占为己有，而将它送给博物馆，让更多的人来欣赏。"

这里涉及的是做人的一个原则问题。石头主人说将石头扔掉，不过是随随便便的一句话，并不是信誓旦旦的诺言，当真也可不当真也可，但说话人却以严肃的态度来对待自己说过的话。中国有句古语，叫"君子一言，驷马难追"。是说正人君子，要讲信义，不能因任何原因而改变自己的诺言，只有小人才不顾信义，言而无信。石头的主人所说的"一言既出，绝不反悔"与中国的这句古语含义是一致的。想必他是要做一个堂堂正正的正人君子，所以很看重自己的形象，宁可舍弃宝物，也不使自己形象受损。宝物贵重，终可用金钱买到，而形象受损，万金难赎。这是大义所在，只有这样才能对财物合理处置，我们才能求得生活坦然。

## 输赢拿得起放得下

佛学认为，人心中之所以妄念，都是因为痴愚。那么用什么办法摆脱痴愚呢？那就是取舍。这两个字虽然简单，做起来却不那么简单。因为凡人都自以为聪明过人，心里并没有痴愚，这样想的人又怎么能做到取舍呢？佛家认为，要摆脱痴愚，就不要强求结果。

在生活中，没有人能够向世人宣称自己可以立于不败之地，也没有一个人能够真正地做到永远立于不败之地。一般来讲，成功的机会总是相对的，而失败的可能却是绝对的。没有人会愿意

## 第九章
### 把握取舍时机,做最聪明的自己

自己的生意发生意外,但没有一个人会一帆风顺。既然如此,我们怎能强求结果呢?

所以,任何人都要有输的心理准备,都要有赢得起也输得起的心理素质。也就是说,在输赢面前既要拿得起更要放得下,在做事的过程中要能进取更要能舍弃。

历史上,著名的商人胡雪岩在经商的过程当中就善于取舍,进而为自己赢得更大的发展空间。上海阜康钱庄的挤兑风潮波及杭州。正当胡雪岩全力调动、苦撑场面,费尽心机千方百计地保住杭州阜康钱庄的信誉,试图重振雄风的时候,"屋漏偏遭连夜雨",又传来宁波通裕、通泉两家钱庄同时关门的消息。

通裕、通泉两家钱庄是阜康钱庄在宁波的两家联号。上海阜康钱庄总号发生挤兑风潮,档手宓本常暗自来到宁波。本来宓本常是要向这两家阜康联号筹集现银以解决资金困难,但由于宁波市面也受时局影响,颇为萧条,这两家钱庄不仅没有能力接济阜康总号,而且已经自身难保。宓本常到宁波不久,通泉档手就迫于局面无法应对,不知避匿何处;通裕档手则自请封闭。因此,宁波海关监督候补道瑞庆即命宁波知县派官兵查封通裕,同时给现任浙江藩台德馨发来电报,告知宁波通裕、通泉两家钱庄已经关门,并请转告这两家钱庄在杭州的东主,急速到宁波协助清理后事。通裕、通泉的东主就是胡雪岩。德馨接到电报后心情沉重,因为他与胡雪岩有很深厚的交情,不能坐视不救。他马上让自己的姨太太莲珠向胡雪岩转达通裕、通泉的情况,并承诺假如这两家钱庄有20万两银子可以维持住的话,他可以出面大力帮助,请宁波海关代垫,由浙江藩库归还,但当莲珠如此转告胡雪岩的时候,胡雪岩却不肯接受朋友的热情帮助。他请莲珠告诉德馨,他好心肯为自己垫付20万两维持那两家钱庄,十分感动,但这只是头痛医头、脚痛医脚，已经不能挽回败局，最终结果还会导致连累德馨，因此并不是一个好办法。在目前危机重重的情况下，维持通裕、通泉钱庄的运营，不过是在弥补已经裂开了的面子，怕就怕这里补了那里又裂开了。胡雪岩决定放弃维持通裕、通泉这些已经无法维持的商号，而集中自己的全部力量保证目前还可以正常营运的杭州阜康钱庄，也就是竭尽全力"保住还没有裂开的地方"。

用现代经营理念进行分析，先保住还没有裂开而可能保住的地方，其实就是一种处变不惊，收缩战线，保存再生力量，以求再战的策略。生意场上，在败局已定的情况下，考虑及时收缩战线，集中全部的力量保住有可能保住的部分，对于应付危机和减小损失而言是极其重要的，也是十分有效的。首先，它可以避免力量过于分散。危机关头，最忌讳的就是力量分散，因为这样会极大削弱有限的财力物力的效能。在已经面临全面崩溃的情况下，要保住所有的生意，是根本不可能的。再者，发生险情，最基本的目的应该是图存而不是发展，应该是尽可能保存有生力量，保存一个败而不倒的基础，以图再战。"留得青山在，不怕没柴烧"，只有大胆地丢弃那些的确无救或救之极难而又于全局补益不大的部分，才有可能保住自己的核心力量，达到以图再战的目的。

韩愈在《听颖师弹琴》中说过："攀高到一定程度，一分一寸也上不去，一旦失去势力，一落地则不止千丈。"胡雪岩终因左宗棠在官场中势力衰退，无力相保而回天无术，一败涂地。胡雪岩几十年所有的卓越辉煌，所有的荣华富贵，都在一夜之间化为过眼烟云，随风飘散。面对危机，胡雪岩也的确称得上是一条输得起的好汉。他在仔细考虑了全局后，认为人生做事，必然就会有输有赢，胜败乃兵家常事，关键是心理上不能输，也就是说"既要赢得起，更要输得起"。胡雪岩当时十分沉着，他说："我是一双空手起来的，到头来仍旧一双空手，不输啥！不但不输，吃过、用过、阔过，都是赚头。只要我不死，你看我照样一双空手再翻过来。"正是因为有如此心胸和气魄，胡雪岩虽然输了，但输得很洒脱、很漂亮，令人佩服。

胡雪岩即使濒临破产，也没有为自己匿产私藏，不仅输得大气，而且输得光明磊落。事实上，在当时胡雪岩完全有条件为自己私匿一些钱财。想想胡雪岩驰骋商场几十年，创下偌大一份家业，富可敌国，仅胡雪岩的23家典当的资产就值200多万两银子。"百足之虫，死而不僵"，不用说现银，就是家中收藏的首饰细软收集一部分，也可以让他在生意倒闭之后维持一个相当阔绰的生活。在钱庄、丝行全面倒闭之后，由于有左宗棠在官场中的转圜斡旋，胡雪岩只是被革去二品顶戴，责成清理，并没有查抄家产。胡雪岩完全有条件转移财产，但他没有如此去做，而是认为这"一切都是命"。他输得大气，不能不让人钦佩。

另外，在危机关头，胡雪岩在自身难保的状况下，仍然怀有宽以待人的胸襟。宓本常在阜康钱庄倒闭后自杀身亡，胡雪岩却认为实在"犯不着"——因为胡雪岩实际上已经原谅了他的过失和不义。胡雪岩特别嘱咐古应春料理好宓本常的后事。虽然宓本常商业道德不好，但朋友一场，他的后事也应照料。另外，胡雪岩即使身处绝境，也依然为别人着想。夜访周少棠，他回来时身觉寒冷，想到今年的施棉衣施粥需要安排下去；他并不怕官府查抄，因为公款有典当行可以作抵，可以慢慢还。只是清理资产之前，私人的存款不知怎样才能偿还，用他自己的话说："一想到这一层，肩膀上就像有千斤重担，压得喘不过气来。"由此看来，胡雪岩常说的那句"不能不为别人着想"的话，确实并不是说说而已的冠冕之辞。其实，胡雪岩当时经常做一些救济的慈善事业，如夏天施茶、施药，冬天施棉衣、施粥，另外还施棺材，办育婴堂。并非是因为所谓"为善最乐"，他只是认为发了财就应该做好事，就好比每天吃饭，例行公事，是应该做的事，也就无所谓乐不乐了。胡雪岩作为一个旧时的商人，一个自称只知道"铜钱眼儿里翻跟斗"的主儿，能够在自己的一生心血彻底输光的时候，如此洒脱地"认"了，实在是难能可贵。

  一个人要输得起，最重要的是应该对"钱财身外物"这句老话，有一种深刻的理解和认识。"钱财身外物，生不带来，死不带走"，这句话人人会说，都能理解。然而，当人真正地面对钱财利益得失时，能够做到真正洒脱地将钱财看成是身外之物，又谈何容易！即使胡雪岩，如此洒脱的一个人，也坦然承认自己的所谓看得开也是一句自己骗自己的话。这很容易理解，常人切于己身的苦与乐，多数时候都与这身外之物有关，哪能就那么容易"忍痛割爱"，舍弃有可能得到的钱财利益，而轻飘飘地将它视之如粪土？譬如所有人都知道人是一定要死的，但我们却也总在渴望长生，"凡可以久生而缓死者无不用"。说是一回事，明白道理是一回事，但真正面对现实时怎样去做，则又是另外一回事。

# 第十章
## 取舍真谛了然于心

> 取舍既是一种处世的哲学,也是一种做人做事的艺术。取与舍就如水与火、天与地、阴与阳一样,是既对立又统一的矛盾体,相生相克,相辅相成,存于天地,存于人世,存于心间,存在微妙的细节,囊括了万物运行的所有机理。不能参悟取舍真谛的人,绝不能解脱世间的一切负累。

### 取与舍之间的哲理

一个懂得奉献的人,会自觉地弱化自私的心理,不过分强调自己的利益,更不会置别人的利益于不顾。这样的人能够舍得牺牲小我,但却是真正幸福而富有的人。圣人无心,唯有万物。不能舍得的人,便无法突破小我的拘执,而不能超脱俗念。

舍,有舍得牺牲、舍得小我之意。舍得,既是禅学思想的核心,又是人们生活中的重要行为方式,它含有广泛而又辩证的内容。从无私的奉献或付出的行动中,折射出人们宽广的胸怀和博大的爱心。同时也昭示着有付出就有回报,付出的越多,往往回报也越多的哲理与规律。对奉与取作深深的思考,势必有利于人们更好地领悟人生的真谛。

挑水如同筑基,筑基如同做人。循序渐进,逐步实现目标,才能避免许多无谓的挫折。不要一味地贪多,不可什么都舍不得。学会取舍才能轻松得到。凡事须尽力而为,量力而行。

生活中,人们应明白"舍得"的道理,有舍才有得,小舍小得,大舍大得,不舍不得。有道是"爱出者爱返,福往者福来",不能把奉献或付出看作是一种吃亏或是损失。天下没有免费的午餐,这正如种水果一样,如果你想要葡萄或者苹果,那首先得把树种起来,然后通过浇灌培育,果树才能开花结果,最后果实成熟你才能得到收获。只有这样"舍"出去,才能"得"进来。这就是自然界万事万物的规律,当然也包括人的行为。没有无"舍"之"得",也没有无"得"之"舍"。

在漫漫的人生征途中,作为现代人的我们领悟奉与取、舍与得的辩证关系是十分重要的,它能使我们更好地树立起爱心,提升生命的价值。试想,如果每一个人都乐于付出、乐于助人,世界将会变得多么和谐与美好!一个能够舍得和牺牲小我,能够为别人奉献和付出的人,才是真正幸福而富有的人。用辩证的眼光来看,舍即是得,舍弃一些,我们才会变得轻松自然。有人常常被一些小事所累,这样的人需要学会取舍。只有学会舍得,才会达到自由的人生境界。

## 忍小"失"求大"得"

春秋战国时期的宓子贱,是孔子的弟子,他是鲁国人。有一次,齐国进攻鲁国,当时宓子贱正在鲁国做官。正值麦收季节,大片的麦子已经成熟了,不久就能够收割入库了。可是战争一来,这眼看到手的粮食就会让齐国抢走。当地一些父老向宓子贱提出建议说:"麦子马上就熟了,应该赶在齐国军队到来之前,让咱们这里的老百姓去抢收,不管是谁种的,谁抢收了就归谁所有,肥水不流外人田。"另一个人也认为:"是啊,这样把粮食打下来,可以增加我们鲁国的粮食,而齐国的军队也抢不走麦子做军粮,他们没有粮食,自然也坚持不了多久。"尽管乡中父老再三请求,宓子贱坚决不同意这种做法。过了一些日子,齐军一来,把当地的小麦一抢而空。为了这件事,许多父老埋怨宓子贱。鲁国的大贵族季孙氏也非常愤怒,派使臣向宓子贱兴师问罪。宓子贱说:"今年没有麦子,明年我们可以再种。如果官府这次发布告令,让人们去抢收麦子,那些不种麦子的人则可能不劳而获,得到不少好处。当地的百姓也许能抢回来一些麦子,但是那些趁火打劫的人以后便会年年期盼敌国的入侵,民风也会变得越来越坏,不是吗?其实当地一年的小麦产量,对于鲁国的强弱的影响微乎其微,鲁国不会因为得到麦子就强大起来,也不会因为失去这一年的小麦而衰弱下去,但是如果让老百姓,以至于鲁国的老百姓都存有这种借敌国入侵能获取意外财物的心理,这是危害我们鲁国的大敌,这种侥幸获利的心理难以整治,那才是我们几代人的大损失呀!"

宓子贱自有他的得失观,他之所以拒绝父老的劝谏,让入侵鲁国的齐军抢走麦子,是认为失掉的是有形的、有限的那一点点粮食,而让民众存有侥幸得财得利的心理才是无形的、无限的长久损失。得与失应该如何舍取,宓子贱作出了正确的选择。要忍一时的失,才能有长久的得;要能忍小失,才能有大的收获。

不能"舍"的人,表面上看可能争到了他碰到的各种机会,但实际上由于完全陷于已有的机会中,不得不失去后来的各种机会的选择。相反,能舍的人则始终把这种主动权操在自己手中。

一位富商带着全家人一起周游世界。为了沿途过得舒舒服服,富商决定带着满满一箱珠宝出游。一路上全家人玩得十分开心,因为准备了足够的钱财,所以每遇到什么好玩的或者有意义的小东西他们都可以买下来。

这一天,他们要走水路,于是一家人坐上了一艘大客轮。富商和儿子看着水手们帮他们把行李全都放到了舱内,这才安心地去休息。可是他们没有想到的是,危险已经来临了。原来两位水手在抬珠宝箱时感到特别沉重,所以就用尖利的刀撬开了箱子的一角,结果发现里面是满满的珠宝。当这两位水手把这个秘密告诉其他水手时,这些人决定在合适的时候把富商一家秘密杀害,然后再平分珠宝。夜里,兴奋的水手们正在一起商议如何实施杀人越货的计划,巧的是,正好富商晚上起来想寻找一点夜宵吃,结果听到了水手们的密谋。富商吓得要命,赶紧把这一切都告诉了家人,于是一家人在忐忑不安中商量着如何躲过这场即将到来的灾祸。儿子建议把珠宝从箱子里拿出来,然后分别藏到每个人身上,那样水手们就会找不到珠宝了。"可是,如果这样的话,水手依然会从我们身上发现珠宝的,这样一来,我们只能死得更快!"大家马上就否定了儿子的建议。女儿又提出一个建议:"我们不如自己主动将珠宝交出来吧,这样的话,看在珠宝的分儿上,也许水手们会发发慈悲,饶过我们的性命。"

刚开始大家觉得这可能是唯一可行的办法,可是再一认真分析,富商认为绝对不能这么做。"绝对不可以,水手们既然商定既抢珠宝又要杀人,就表明他们害怕事情暴露,企图躲过法律的惩罚。如果我们将珠宝献出来,他们看到事情已经暴露,更不会让我们活着离开的。"大家一连想了几个办法都不行,心中既是焦急又是恐惧。他们都知道,如果不能及早想出办法,那他们的生命和财产将随时面临不测。

终于,富商和妻子商量,想出了一个绝妙的主意,他们决定天一亮就依计而行。天亮了,水手们都出来工作。这时,正在吃早饭的富商突然将手中的一个盘子扔向儿子:"你这个混蛋,你要是不听从我的安排,那你就别想继承我的任何财产!"儿子从舱里跑到甲板上,一边跑一边喊:"你就是一个老顽固,我不会再听你的一句话,过去我受你的摆布已经太多了,我要过自己想要的生活!"然后儿子就冲进船舱收拾自己的行李。甲板上的人们都猜想,这可能又是一个传统的父亲与新潮儿子之间的一次拌嘴。可是父子之间的战争还没有平息,富商突然暴怒,他不让儿子拿走任何一件东西,说那些都是他赚来的。儿子也被触怒了,他不顾母亲和妹妹的劝说,冲到行李处打开珠宝箱,然后一件一件地把那些珠宝展示给人们。突然他合上箱子,一下子就把那只装满珠宝的箱子推到水里,而且还愤愤地对父亲说:"你不让我拿走任何东西,那你也别想得到一件珠宝!"

旁边的水手们看得都傻了眼,他们眼看着即将到手的财富就被这个浪荡子给扔到了海里,只好放弃先前的阴谋。接下来的两天里,富商和儿子仍时不时地大吵一场,而且还说上了岸以后要让法官来评理,并且让船上的人留下来给他们作证。

两天以后,轮船靠岸,富商和儿子互相撕扯着去见法官,水手们仍在一旁等着看笑话。法官来了,而且还带着装备精良的警察。警察迅速把水手们都带到法官面前,法官这时才告诉众人:"这些水手就是经常活跃在轮船上的海盗,他们已经盗走了许多客人的财物,而且还谋杀过至少五名乘客。"水手们得到了应有的惩罚。在海上警察的帮助下,富商一家又打捞起了那个被儿子扔进海里的珠宝箱,一家人安全地回到了家中。

面对舍与得两种选择,人们大多数时候会选择得,可是却忽略了需要付出的代价。凡事有舍才有得,很多时候,人们必须懂得取舍,才能有所收获。如果只想得而不愿意舍,那失去的可能更多。

## 有舍弃才有取得

佛学认为,"舍"与"得"之间关系严密:即"舍"是因,"得"是果。舍不得"舍",就不可能有所"得";要想有所"得",就得付出,得奉献,得舍得"舍"。不付出、不奉献、不愿意"舍",而企求"得",那是投机取巧,是不劳而获。任何方式的投机取巧和不劳而获,最终是要受到道德、良心甚至法律的惩罚的。

参加奥运会的运动员都曾进行过长时间的高强度训练,所在国家或地区亦曾为他们花过不少钱,都有所"舍",但赛场上奖牌只有三枚,冠军只有一个,绝大多数人与奥运冠军甚至与奖牌无缘;如果不进行长时间高强度的训练,舍不得"舍",则肯定拿不到奖牌,更不可能拿到金牌。

有一个人家里老鼠成灾,主人就找了一只猫回来捕鼠。这只猫很会捕鼠,但是也咬鸡。一段时间后,主人家的老鼠没有了,同时鸡也差点儿被咬死了。于是,儿子对父亲说:"我们为什么还要留着一只专爱咬鸡的猫在家呢?"父亲告诉儿子说:"这里面有这样一个道理,老鼠不但偷吃我们的粮食,而且还咬坏我们的衣服,如此横行下去,我们就会挨饿受冻;没有了鸡,我们只是暂时吃不上鸡罢了,但是比较一下,这和挨饿受冻又差着一大截,我们为什么要赶走猫呢?"要想过上不挨饿受冻的日子,就必须养猫舍鸡,付出代价才能有回报,这就是要想取之,必先予之。可是,世人常常只想取之,不想予之,只想得,不想舍,贪得无厌,最后的结果是失去更多。舍是得的前提,敢大舍的人才能大得。

世间,人们往往面临多种选择,取舍往往乱人心扉,令人难以抉择。从古至今,有无数著名人物取得了彪炳史册的丰功伟绩。他们的成功无不得益于对"舍得"二字的把握和体悟。昭君舍弃了锦衣玉食的宫廷生活,踏上了黄沙漫天的西域之路,却得到了天下的一时太平与后世的无限赞美；祝英台舍弃了世间的一切繁华，化作一只蝴蝶，却得到了海枯石烂和天长地久的爱情；李白舍弃了富贵，却留住了"安能摧眉折腰事权贵，使我不得开心颜"的傲骨；越王勾践在被吴王夫差打败后，舍弃了君王一时的尊严，忍辱苟活，卧薪尝胆，经过十年的反思、十年的历练，他又重新夺回了天下；东晋的陶渊明，毅然舍弃了当时世人竞相追逐的功名利禄，回到了山间，过上了"晨起理兴秽，戴月荷锄归"的隐士生活，才获得了那种"采菊东篱下，悠然见南山"的悠闲；司马迁舍弃了尊严，没有选择体面地死去，在牢中怀着更为强烈的忧愤之情写成了《史记》，完成了一部任何历史书籍都不能与之相比的恢弘史诗；钱学森舍弃了美国优厚的待遇，克服重重阻挡，毅然回国，为新中国的"两弹一星"事业建立了不可磨灭的功勋，得到了国人的赞颂。

## 游刃于取舍之间

人生在世，进就会有所取，退就必须舍去一些东西，正是退要失去一些东西，所以没有人愿意退，也没有人想退，结果就深陷危险之中。因此，在现实生活中，我们要善于准确地把握时机，适时做到取舍适当，这样人生才不会荆棘丛生。

李世民当了皇帝后，长孙氏被册封为皇后。当了皇后，地位变了，她的考虑更多了。她深知作为"国母"，其行为举止对皇上的影响相当大。因此，她处处注意约束自己，处处做嫔妃们的典范，从不把事情做过头。

长孙皇后不尚奢侈，吃穿用度除了宫中按例发放的不再有什么要求。她的儿子承乾被立为太子，有好几次，太子的乳母向她反映，东宫供应的东西太少，不够用，希望能增加一些。她从不把资财任意挥霍,从不搞特殊化,对东宫的要求坚决没有答应。她说:"做太子最发愁的是德不立,名不扬,哪能光想着宫中缺什么东西呢?"她不干预朝中政事,尤其害怕她的亲戚以她的名义结成团伙,威胁大唐王朝的安全。

为此,李世民很敬重她,朝中赏罚大臣的事常跟她商量,但她从不表态,从不把自己看得特别重要。皇上要委她哥哥重任,她坚决不同意。李世民不听,让长孙皇后的哥哥长孙无忌做了左武大将军、吏部尚书、右仆射。皇后就派人做哥哥的工作,让他上书辞职。李世民不得已,便答应授长孙无忌为开府仪同三司,皇后这才放了心。此后的朝野生活中,长孙无忌也经常受到皇后的教导,所以才成为一代忠良。

长孙皇后得意时不把各种好处占全,不把所有功名占满,实在是很好地坚持了适时止欲、适时退让的原则。这样,不但使自己不招致损害,还使自己在未来的人生旅途中取舍有据,上下自如。

善于断然取舍,是一个人心怀博大、大智若愚的智慧体现。一个人,尤其是一个领导者、管理者,应当自觉地、主动地取舍。这是保存自己的一个很重要的谋略思想,而要做到这一点,就必须具备较高的修养,善于克制、约束自己,缺乏一定修养的人是不可能做到这一点的。

历史和现实都一再表明,善于舍与善于取有同等的谋略价值,只善于取而不善于舍的人,绝非高明之人。只有把两者有机地结合在一起并加以灵活运用的人,才称得上高明。

## 舍弃时也在取得

老子在《道德经》中说:"留出了容纳的空间,才能有容。月盈则亏,水满流溢。"老子从自然中看到原则和规律:天地繁衍了万物而不据为己有，孕育万物而不自恃所能，大功告成而不居功，这样就保住了天性，就能长久地存在。人除了自然属性，更多地具有社会属性，也就是说"因人成众"，每个人都无法脱离大众而生活。与人相处，克服自私的缺点，最好的办法是付出。付出才有回报，如果只要对方付出，而自己没有动静，这样的交往是不会长久的。

在现实生活中，有的人却错误地认为友情是建立在利益互惠的基础上。这样的人与他人交往的目的是在于对方有什么利用价值，天天盘算着与人交往会带来什么好处。当对方能满足自己的要求为自己提供便利时，心里便乐呵呵，与他形影不离，仿佛情深义重，可就是不肯吃亏，为了自己的利益斤斤计较。这实在是一种自以为聪明的愚蠢表现。这样做的结果，无疑向别人表明：自己是多么的无情无义，又是多么的无耻。以后当别人与他交往时，必然会小心提防，以免被其利用。

事物是普遍联系的，人际交往中，很多事情也都彼此联系，互相依存。人与人之间不免有些明争暗夺，有些摩擦，这一切都来源于吃亏还是占便宜的心理，一切又都结束于吃亏与占便宜的行为。吃亏怎么样？占便宜又怎么样？吃亏了，既获得心灵的平静，又可以获得道义上的支持。一旦对方醒悟过来，你的我的自然一清二楚。相反，占便宜的人，心理上永无宁日，让天下人耻笑，别人的钱财你占有，是何滋味？明白了个中道理，吃亏、占便宜也就分得清楚了。

对于吃亏是福，历史上著名的商人胡雪岩说："世上随便什么事，都有两面，这一面占了便宜，那一面便吃亏。做生意更是如此，买卖双方，一进一出，天生是敌对的，有时候买进便宜，有时候卖出便宜。涨到差不多了，卖出；跌到差不多了，买进。

这就是两面占便宜。"

胡雪岩在经商过程中，也践行着"吃亏是福"的为人哲学。一方面，胡雪岩在知贵贱的基础上，点明做生意的人的精明之处，就是要利用这一点，两面取利，并把它视作"会做生意"和一般的平平庸庸做生意二者之间相区别的一个标准。一般做生意的人，贵出贱取，趋利避害，而在胡雪岩看来，更要出也获利，取也沾益，做到了这一点，生意才算做到了家。只是现实中的人功利心太强，既然不是立马能回报，这亏一吃起来就钻心痛。所以，既送佛，就送到西天，这才是真的"会"吃亏。生意人的心思犹如光棍的心眼麻布的筋，把吃亏看作投资，就什么事都解决了。由此可以归纳出一个一般性的方法，即要想两面占便宜，就必须学会吃亏，善于吃亏。世界上不可能只有占便宜而不吃亏那样的好事。因此，聪明人都是那些善于吃小亏的人，因为他们知道，有舍才有得，吃小亏付出少，但收益和回报却很大，这样的事何乐而不为？

小杨是一家出版社的编辑。他的文笔很好，但更可贵的是他的工作态度。那时出版社正在进行一套大书的编辑，每个人都很忙碌，因为不增加人手，于是编辑部的人也被派到发行部、业务部帮忙，但整个编辑部只有小杨接受了指派，其他的都是去一两次就抗议了。小杨说："吃亏就是占便宜嘛！"事实上也看不出他有什么便宜好占，因为他要帮忙包书、送书，像个包装工一般！后来他又去业务部，参与直销的工作。此外，连取稿、跑印刷厂、邮寄……只要开口要求，他都乐意帮忙。"反正吃亏就是占便宜嘛！"他这么说。两年过后，小杨自己成立了一家图书公司，做得还真不错。原来他是在"吃亏"的时候，把出版社的编辑、发行、直销等工作都摸透了，他真的是"占便宜"了！现在他仍然抱着这种态度做事，对作者，他用"吃亏"来换取作者的信任；对员工，他用"吃亏"来换取他们的向心力；对印刷厂，他用"吃亏"来换取信誉。

"吃亏"有两种，一种是主动的吃亏，一种是被动的吃亏。"主动的吃亏"指的是主动去争取"吃亏"的机会，这种机会是指没有人愿意做的事、困难的事、薪酬少的事。这种事因为无便宜可占，大部分的人不是拒绝就是不情愿去做，你主动争取，老板当然对你感激有加，一份情绝对会记在心上，日后无论是升迁还是自行创业，他都有可能帮助你，这是对人际关系的一种投资。最重要的是，你什么事都尝试去做，可以磨炼你的做事能力和耐力，不但懂得的比别人多，也进步得比别人快，这是你的无形资产，绝不是用钱可以买到的。

"被动的吃亏"是指在未被告知的情形下，突然被分派了一个你并不十分愿意做的工作，或是工作量突然增加。碰到这种情形，除非健康因素或家庭因素，否则就应接下来；如果冷眼旁观周围环境，根本没有你抗拒的余地，那就更应该愉快地接下来。也许你不太情愿，但形势比人强，也只好用"吃亏就是占便宜"来自我宽慰，要不然怎么办呢？至于有没有"便宜"可占，那是很难说的，因为那些"亏"有可能是对你的试炼，考验你的心志和能力，是为了重用你啊！姑且不论是否"重用"，在"吃亏"的状态下，磨练了你的耐性，这对你日后做事绝对是有帮助的。此外，你的"吃亏"也会让人对你无话可说，不得不尊重你。

做事可以秉承"吃亏就是占便宜"的理念，做人呢？做人比做事难，但如果也有"吃亏就是占便宜"的心态，那么做人其实也并不难。因为人都喜欢占人便宜，你吃一点亏，让人占一点便宜，那么你就不会得罪人，人人当你是好朋友！何况拿人手短，吃人嘴软，今天占你一点便宜，心里多少也会过意不去，只好在恰当时候回报你啦,这就是你"吃亏"之后所占到的"便宜"!

"吃亏就是占便宜",这一点我们一定要牢记,因为这是累积工作经验、提高做事能力、扩张人际网络最好的方法。如果样样都想占便宜,那就吃亏啦!

## 适时取舍方成大气

人生贵在把握取舍之机,"进"与"退"都是行事处世的技巧,该进则进,该退则退。退是为了日后更好地进,只有懂得该退则退的人,方能成为处世高手。

春秋时期,楚庄王为了增强自己的势力,发兵攻打庸国。由于庸国奋力抵抗,楚军一时难以推进。在一次战斗中,庸国还俘虏了楚将杨窗。三天后,由于庸国的疏忽,楚将杨窗竟从庸国逃了回来。杨窗对楚庄王说明了庸国的情况,说道:"庸国人人奋战,如果我们不调集主力大军,恐怕难以取胜。"楚将师叔出了一个主意,建议用佯装败退之计,以骄庸军,之后再去进攻他们。于是师叔带兵进攻,开战不久,楚军佯装难以招架,败下阵来,向后撤退。像这样一连几次,楚军节节败退。庸军七战七捷,不由得骄傲起来,不把楚军放在眼里。军心麻痹,军队渐渐松懈了斗志,对敌人的戒备也渐渐消失。在这种情况下,楚庄王率领增援部队赶来。师叔说:"我军已七次佯装败退,庸人已十分骄傲,现在正是发动总攻的大好时机。"于是楚庄王下令兵分两路进攻庸国。此时庸国将士正陶醉在胜利之中,怎么也不会想到楚军突然发起进攻,庸国士兵仓促应战,抵挡不住。楚军就是在这种情况下一举消灭了庸国。师叔七次佯装败退,是为了制造战机,一举歼敌。

在这个故事中,楚国为了战胜庸国,采取退让的方法,最终获得了胜利。在必要时退一步便可以积蓄能量,退一步便可以创造更好的机会。因为退本身并不能说明他们胆怯、弱小,是逃兵。古人说能屈能伸为大丈夫也,可见大丈夫行事,理应有进有退。退的目的是为什么?是为了更好地进攻。战斗打起来,就需要战士有韧性,没有韧性的战士终究会失败。该进则进,该退则退。在强大的势能下加上韧性的战斗,胜利一定属于那些该退则退的人。

作战如此,生活中为人处世更是如此。"退"是为了"进",因此不管怎么退,只要最终的结果是为了进,退就可以让你更好地选择。换言之,就是退让做首,胜利当终,这是处世关系学中不可多得的一条锦囊妙计,更是一个有"心机"之人所应该学的。表现得以他人利益为重,事实上是在为自己的利益开辟道路。尤其是在做一些风险比较大的事情时,冷静沉着地让一步,便可赢得一世。

人世间的冷暖变化无常,人生的道路也是蜿蜒曲折的,所以当你遇到极为不利于自己的形势时,便可以在表面上作出退步,忍他一时,给人以碌碌无为的印象,隐藏自己的才能,掩盖内心的抱负,以免引起对方的警觉,专一等待时机,实现自己的抱负。正如一位成功者所说:"用心计较般般错,退步思量事事宽;有心栽花花不开,无心插柳柳成荫,此之为成事之理也。"

的确,在必要的时候,以退为进,由低到高,这是自我表现的一种艺术,也就是所谓的"暂时的让步是为了更好的选择"。从某种意义上来讲,有时退一步,其实就等于进了两步。

奥康总裁王振滔曾在一次营销会议上总结出了自己的15条心得,其中有一条说的是:要赢得胜利,小处不妨让一让,很多时候退一步可以进两步。在不久后的一次外贸业务中,这条心得又一次被发挥得淋漓尽致。2003年2月的一天,奥康集团国际贸易部与意大利客商签好了一笔订单，双方谈好产品单价为23美元，而且也签订了购销合同。可是在产品投产时，发现生产部门在计算成本时将皮料的价格算得过低，若按实际成本计算，每双鞋的出口价格最少还要增加一美元。意大利客商知道这个消息后，表示要严格恪守合同，并没有做出让步的准备。双方僵持一段时间之后，奥康集团国际贸易部负责人将这个情况汇报给了公司总裁王振滔，并询问他是否继续与外商洽谈加价，王振滔这时表示：一美元是小事，商业信誉是大事，退一步海阔天空。既然签了合同，即使亏本了，这笔买卖也不能停止，要继续做下去。这一消息后来传到了意大利客商的耳中。听说奥康主动作出了让步，意大利客商在感到意外的同时也表示很感动，于是主动提出在价格上增加一美元。可是这一举动被奥康集团总裁王振滔婉言谢绝了。王振滔表示：奥康多赚一美元还是少赚一美元都不重要，重要的是要恪守信用。意大利客商对奥康诚信经营的做法大为感动。他们当即决定追加订单，将原来20多万美元的订单一下子增加到100多万美元。客商表示接下去要和奥康集团建立长期合作关系，并将在单鞋和休闲鞋方面的更多订单下到奥康来。在商界中，此事一时被人们传为美谈。

所以，在为人处世的过程中，暂时的忍让吃亏能够获得长远的利益。把对方的利益放在第一位，有时就是为自己的利益开道，这样你在处世中方能赢得最高筹码，获得大发展。

## 面对选择，想想自己如何取舍

"鱼我所欲也，熊掌亦我所欲也，二者不可得兼，舍鱼而取熊掌者也。"

孟子说："鱼是我所喜爱的，熊掌也是我所喜爱的，如果这两种东西不能同时都得到的话,那么我就只好舍鱼而选取熊掌了。"人的一生,总会面对太多"鱼"和"熊掌"的选择,你如何取舍?

有时候能舍掉"面子"的人,反而是个受人欢迎的人,而只顾维护自己的"面子"的人,则可能会不受欢迎,甚至会在实际生活中吃亏上当。然而,很多人常犯的毛病是,自以为有见解,自以为有口才,逮到机会就大发宏论,把别人批评得脸红一阵白一阵,他自己则大呼痛快。其实这种举动正在为自己的祸端铺路,总有一天会吃到苦头。是的,如果一个人总是自高自大,那么他将会孤立自我,失去别人对他的尊重,断送他的前程。纵观历史,那些能成就一番大事的人,无不是能够清晰地辨识事情的轻重缓急,从而正确地进行取舍的人。

韩信受胯下之辱的故事众所周知,可你们是否从中学到了什么?若当初韩信"舍"不得"面子",那他还能在日后辅佐刘邦成就一番霸业,被封为齐王吗?所以,生活中做事离不开舍得的智慧。然而,在现实生活中,只要细心观察,我们就不难发现,有不少人都在关键时刻办事迟疑,难以取舍,拖拖拉拉,犹豫不决,机会就如风驰电掣般从身边飞过,等待他的只有后悔和空叹了。很多人都是这种心理,既想得名又想得利,既不想得罪人又想做好人。"舍"对于每一个人来说都是痛苦的,因为"舍"了就意味着不再拥有,但若你不懂得取舍,那么越来越多的东西总有一天会将你压垮。只要你真正把握了舍与得的机理和尺度,便等于把握了人生的钥匙和成功的机遇。当然,交往中有自己的要求、准则本是无可非议,但人的一生都会遇到无法预料的事,所以一个人在社会上行走、做事还是要有点弹性,即灵活性要好。做事时要在坚持一定原则的情况下保持弹性,有一定的"舍",才会使我们在成功道路上更加顺畅。倘若销售人员在销售过程中总是盯着自己的产品不放,那么永远也不可能成为推销大王,因为他们在这个道路上行走,会遇到千奇百怪的人和事,如果不懂得顾客的需求,而总是拘泥于一般的原则,就可能使他们陷入难堪的境地。一个人做事如果过分地讲究方法、原则,将会碰得头破血流,寸步难行。一个人如果过分圆滑,八面玲珑,事事都想占便宜,必将众叛亲离,成为孤家寡人。

人生的巧妙就在于能适时取舍,这样才能在社会生活中取舍自如,游刃有余,掌握生活主动权,赢得广阔的生存空间。

秦汉时期的叔孙通是非常聪明的。作为一名儒者,叔孙通为了适应现实的需要,并没有硬性坚持自己的儒生形象,而是机智变通,暂时舍弃了自己的立场。为了寻求脱身之计,他当面说秦二世的好话;为了得到刘邦的信任,他穿楚衣迎合;战争频繁,暂时丢弃自己的学问和学生,而向刘邦推荐合适的军人。在现实面前,硬碰硬顶、不懂得取舍是注定要失败的。叔孙通如果在秦二世面前坚持说真话,恐怕当时就得下狱而性命堪忧;如果在跟随刘邦后坚持自称儒生,不是被赶走,就是会被闲置一边;如果在楚汉之争胜负未卜之时,就提出要制定礼仪,那肯定要碰上一鼻子灰。你能说叔孙通是卑鄙的吗?你能说他的行为是可耻的吗?不,他是聪明的,他这是为了救国而用的一个缓冲之计。也正是这舍得哲学之妙处,他才得以保全性命,最终实现了"曲线救国"的愿望。做事不懂得放下则难以灵活有效,因为谁都难以面面俱到。做事适时适地地"舍",才能在社会生活中取舍自如,营造良好的人脉关系和生存环境,享受快乐惬意的人生!